Python程序设计

主　编◉赵　骥　江业峰
副主编◉王　瑞　孙红岩　张　洋

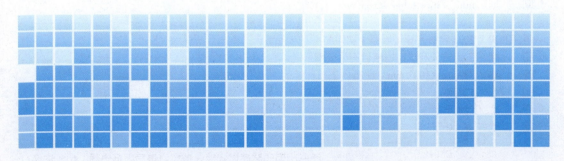

北京理工大学出版社
BEIJING INSTITUTE OF TECHNOLOGY PRESS

内 容 简 介

本书详细地讲解了 Python 的基本概念、原理和使用方法，力求给读者打下一个扎实的程序设计基础，培养读者程序设计的能力。本书主要内容包括 Python 程序基本构成与风格、变量与表达式、数值类型、字符串、基本运算等基础知识，序列的概念、列表和元组的表示，字典与集合的操作，程序控制结构（顺序结构、分支结构、循环结构），函数的定义与调用、库函数的使用，文件的打开、关闭和读写，异常处理等知识和实践应用。本书采用循序渐进、深入浅出、通俗易懂的讲解方法，本着理论与实际相结合的原则，通过大量经典实例对 Python 进行了详细讲解，使程序设计语言的初学者能够掌握利用 Python 进行程序设计的技术和方法。

本书以 Python 编程基本技能训练为主线，内容完整、阐述准确、层次清晰。通过对本书的学习，读者可牢固掌握程序设计的基本技能，以适应信息时代的发展。

本书适用于高等学校各专业程序设计的基础教学，特别适合应用型本科、高职院校的非计算机相关专业学生使用，同时也适用于计算机等级考试备考。

图书在版编目（CIP）数据

Python 程序设计 / 赵骥，江业峰主编. -- 北京：
北京理工大学出版社，2025. 2.
ISBN 978-7-5763-5096-8

Ⅰ. TP312.8

中国国家版本馆 CIP 数据核字第 20255CV676 号

责任编辑：时京京　　　**文案编辑**：时京京
责任校对：刘亚男　　　**责任印制**：李志强

出版发行 / 北京理工大学出版社有限责任公司
社　　址 / 北京市丰台区四合庄路 6 号
邮　　编 / 100070
电　　话 / (010) 68914026（教材售后服务热线）
　　　　　　 (010) 63726648（课件资源服务热线）
网　　址 / http://www.bitpress.com.cn

版 印 次 / 2025 年 2 月第 1 版第 1 次印刷
印　　刷 / 三河市天利华印刷装订有限公司
开　　本 / 787 mm×1092 mm　1/16
印　　张 / 12.25
字　　数 / 288 千字
定　　价 / 38.00 元

前　言

　　Python 是一种在国际上非常流行的计算机程序设计语言，广泛应用于大数据、人工智能、物联网、云计算等领域。通过对 Python 这门语言的学习，学生可掌握一门可直接用于求解复杂专业问题的编程语言，提高利用计算机解决问题的能力，从而具备在这个智能时代从事数据处理、人工智能等工作的基本能力。

　　本书在详细阐述程序设计基本概念、原理和方法的基础上，采用循序渐进、深入浅出、通俗易懂的讲解方法，本着理论与实际相结合的原则，通过大量经典实例重点讲解了 Python 的概念、规则和使用方法，便于程序设计语言的初学者能够在建立正确程序设计理念的前提下，掌握利用 Python 进行程序设计的技术和方法。全书共 8 章，主要内容包括 Python 基础知识、Python 语法基础、Python 程序的控制结构、函数、列表与元组、字典与集合、文件、实战演练。本书语言表述简洁、通俗易懂，内容循序渐进、深入浅出，适合零基础学生和 Python 自学者使用。

　　本书使用丰富多彩的应用程序实例，讲解实用的方法和技巧，提高学生的计算机应用及编程能力，为后续工科专业课的学习奠定编程基础。通过对 Python 程序设计这门课程的学习，学生能运用程序设计的基础知识和具备程序设计的基本思想与方法，掌握高级语言程序设计的基本理论和基本技能，能使用计算机解决问题，为运用计算机解决专业中的复杂工程计算问题打好基础。

　　本书是校企合作教材，企业方编者为大连中软卓越计算机培训中心技术总监张洋。张洋具有多年教研经验，擅长人才培养体系设计和教学资源标准设计，是全国计算机技术与软件专业资格（水平）考试指定用书《系统集成项目管理工程师教程》编委之一。张洋的参编，引入了 IT 产业前沿的实践成果，推进了教材实例与产业项目开发的科学对接。

　　本书第 1 章由师云秋编写，第 2 章由王瑞编写，第 3 章由孙红岩、赵骥编写，第 4 章由孟丹编写，第 5 章由云晓燕编写，第 6 章由刘尚懿编写，第 7 章由师云秋编写，第 8 章由江业峰、张洋编写。

　　由于编者水平有限，书中难免存在一些缺点和不足，殷切希望广大读者批评指正。

编　者

2024 年 8 月

目 录
CONTENTS

第1章 Python 基础知识

程序设计发展到今天，已有很长的历史了。伴随着计算机硬件的不断更新换代，计算机程序设计语言也在发展进步。按照与机器的接近程度分类，计算机程序设计语言的发展经历了机器语言、汇编语言和高级语言3个阶段。在这个过程中出现了种类丰富、功能各异的程序设计语言，20世纪90年代诞生的 Python 程序设计语言是其中一颗耀眼的新星，它以简单易学、面向对象、可移植、开源等特点而被广泛应用并受到众多程序员的青睐。

本章要点

➢ Python 简介
➢ Python 的开发环境和运行方式
➢ Python 的标准输入输出

1.1 Python 简介

Python 由荷兰数学和计算机科学研究学会的吉多·范罗苏姆（Guido van Rossum）于20世纪90年代初设计。Python 不仅提供了高效的高级数据结构，还能简单有效地面向对象编程。随着版本的不断更新，Python 逐渐被用于独立、大型项目的开发。

Python 是一门非常有趣的程序设计语言，同时也是一门非常实用的语言。学习 Python 不仅能够提高计算机科学素养，还能够在学习和工作中更加高效和自信。无论你的专业背景是什么，Python 编程都将成为你未来职业发展的重要支撑。因此，建议读者认真学习本书，努力掌握 Python 编程的技能，为未来打下坚实的基础。

Python 解释器易于扩展，用户可以使用 C 或 C++（或者其他可以通过 C 调用的语言）扩展 Python 解释器的功能和数据类型。Python 也是可用于可定制化软件中的扩展程序语言。Python 丰富的标准库，提供了适用于各个主要系统平台的源码或机器码。

Python 是近些年非常流行的程序设计语言。例如，Google 的 Web 爬虫以及搜索引擎的很多组件的开发都使用了 Python；YouTube 的系统开发也使用了 Python；NASA（美国航空航天局）也有一些系统开发用到了 Python；豆瓣的主要开发语言也是 Python；一些游戏——《战地2》《文明4》也使用了 Python 作为开发工具。这些足以说明 Python 的功能之强大、应用之广泛。

Python 问世以来，其使用率呈线性增长，在 2024 年 *IEEE Spectrum* 发布的"年度十大程序设计语言"排行榜中，Python 连续 5 年夺冠，如图 1-1 所示。

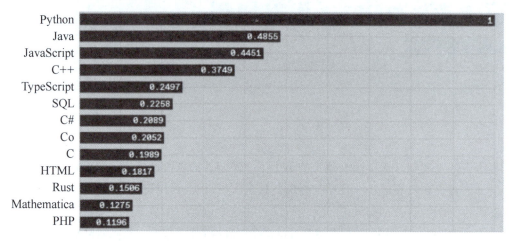

图 1-1　年度十大程序设计语言排行榜

▶▶ 1.1.1　Python 程序设计语言的发展过程

荷兰计算机科学家吉多·范罗苏姆于 1989 年发明了 Python。历经多年，Python 的版本不断更新，其功能也不断完善。

1991 年，Python 0.9.0 发布。此时的 Python 具备了类、函数、异常处理以及包含表和字典在内的核心数据类型，拥有以模块为基础的拓展系统，即 Python 具备面向对象编辑器的常用功能，能够满足大多数功能的需求。

1994 年，Python 增加了 lambda、map 等多个函数。

1999 年，Python 的 Web 框架 Zope 1 发布。

2000 年，Python 2.0 发布，加入了内存回收机制，构成了现在的 Python 框架。

2008 年，Python 3.0 发布，对 Python 2.x 的标准库进行了一定程度的重新拆分和整合，并增加了对非罗马字符的支持。

开发者会不断向计算机语言中加入新特性、修复问题，因此 Python 一直在变化。Python 3.x 几乎每年发布一个新版本，2020 年 10 月已经更新到了 Python 3.9.0 版本。

自 20 世纪 90 年代初 Python 诞生至今，Python 已被逐渐广泛应用于系统管理任务的处理和 Web 编程。

▶▶ 1.1.2　Python 的特点与应用

Python 是近年来非常流行的程序设计语言，因为 Python 是一款易于学习且功能强大的程序设计语言，所以得到了众多程序员的喜爱。

Python 具有高效率的数据结构，能够简单又有效地实现面向对象编程。Python 简洁的语法与动态输入的特性，加之其解释型语言的特点，使它成为一种在多个领域与绝大多数平台上都能进行脚本编写与应用的快速开发工作的理想语言。随着大数据、人工智能的兴起，越来越多的人开始学习和研究 Python。很多学校将 Python 作为学生学习计算机的必修课。

1. Python 的优点

（1）学习难度低。

Python 的语法较为简单，容易学习、容易理解，同时网络上的学习资源比较丰富，初学者很容易上手。Python 是一种代表简单主义思想的语言。阅读一个优秀的 Python 程序就感觉像是在读英语一样。Python 使用户能够专注于解决问题而不是去搞明白语言本身。

（2）开发效率高。

Python 能够让使用者以更少的代码、更短的时间来完成学习和工作。相对于 C++、Java 等编译/静态类型语言，Python 的开发效率提高了若干倍，即代码量只是其他语言的若干分之一，省时、省力。

（3）资源丰富。

Python 的标准库功能强大，加上不同领域应用具有众多开源的第三方程序库，给开发者提供了诸多便利。开发者可以直接使用这些库，无须自己从头设计。

（4）可移植性好。

Python 是一门脚本语言，它不需要编译，它的执行只与解释器有关，与操作系统无关，同样的代码无须改动就可以移植到不同类型的操作系统上运行。

（5）扩展性好。

Python 提供各类接口或者函数库，用户可以方便地在 Python 程序中调用使用其他程序设计语言编写的代码，将它们整合在一起来完成某项工作。这也是 Python 被称为"胶水语言"的原因。

（6）代码规范。

Python 采用强制性缩进格式，使代码具有极高的可读性。

2. Python 的不足

没有哪一种程序设计语言是完美无缺的，Python 也不例外。Python 的不足表现在运行速度相对较慢和源代码加密困难。

（1）运行速度相对较慢。

Python 最受人们诟病的是执行效率不够高。在程序的执行性能上，Python 表现不如 C、Java 这样的静态语言。

很多人熟知的木桶理论：一只木桶能装多少水，取决于它最短的那块木板。所以大家都想去补齐自己的短板。

然而换一个角度来看，Python 的设计理念和流行恰恰体现了反木桶理论的极致。自诞生以来，Python 一直以优雅、明确、简单为设计理念，开发效率惊人。Python 有众多长板，并且把这些长板做到了极致。而它的短板丝毫没有影响它的流行，广大用户一方面尽可能地弥补它的不足，另一方面竭尽全力地加强它的优势。例如，有用户觉得Python性能低，于是提高 Python 性能的编译器工具就开发出来了；为了配合科学计算、大数据分析，SciPy、

Pandas 库就诞生了；当机器学习成为热门研究方向时，机器学习库就开发出来了。对于这些库，Python 可以随意调用，甚至比开发这些库的原生语言调用还方便。所以，围绕 Python 构建出来的生态圈逐渐让其他程序设计语言望尘莫及。

（2）源代码加密困难。

Python 作为一种解释型语言，不对源代码进行编译而直接执行，所以源代码加密比较困难。但有时候开发者在发布一款由 Python 开发的产品时又必须考虑到代码的保密性，以避免源代码的泄露。Python 源代码加密的几种方法，都存在各种利弊。

总而言之，作为一种程序设计语言，Python 在兼顾质量和效率方面有较好的平衡，尤其对新手而言，Python 是一种十分友好的语言。

▶▶▶ 1.1.3 程序的概念及编程方法

计算机是人类 20 世纪发明的先进的计算工具，迄今为止绝大多数的计算机都是基于"存储程序和程序控制"的原理而工作的。

程序设计是给出解决特定问题的步骤。程序设计一般是以某种程序设计语言为基石，构造出这种语言下的程序。程序设计的过程一般包括分析、设计、编码、测试、排错等不同的阶段。

1. 计算机程序设计语言

计算机程序设计语言的发展经历了机器语言、汇编语言和高级语言 3 个阶段，其形式如图 1-2 所示。

```
机器语言          汇编语言          高级语言

10110000        MOV AL,13D       #include<stdio.h>
00001101        SUB AL,5D        int main(void)
00101100        HLT              {
00000101                             printf("%d",13-5);
11110100                             return 0;
                                 }
```

图 1-2　3 种语言求解"13-5"程序的比较

（1）机器语言。

机器语言是由 0、1 组成的二进制代码序列，用来控制计算机执行规定的操作。用机器语言编写的程序不需要进行任何处理即可直接输入计算机执行。机器语言具有灵活、直接执行和速度快等特点，但不同型号计算机的机器语言是不相通的，按照一种计算机的机器指令编制的程序不能在另一种计算机上执行，所以机器语言通用性差。由于机器语言的指令直接操作计算机，所以要求程序员必须了解计算机的硬件及其指令系统，不同的 CPU（中央处理器）有不同的指令集，机器指令难学、难记，编程的效率低，不易于推广普及。

（2）汇编语言。

汇编语言也称为符号语言。早期的程序员很快就发现使用机器语言麻烦、难于辨别和记忆，阻碍了行业的发展，于是便产生了汇编语言，给二进制的机器指令设定了助记符，方便记忆和理解，提高了工作效率。汇编语言是机器语言的一种进化，是人类为了提高计算机编程效率而进行的第一次翻译进化尝试。汇编语言与机器语言存在一一对应关系，汇编语言是一种面向机器的低级语言，通常是为特定系列的计算机专门设计的，也就是说，不同型号的计算机其汇编语言也是不相通的。

（3）高级语言。

高级语言是一种独立于机器，面向过程或对象的语言。高级语言是参照数学语言而设计的近似于日常会话的语言，它易学、易用，代码易于理解、修改和移植。高级语言分为编译方式和解释方式两种，编译方式的高级语言程序通过编译器（一种程序）生成目标代码，再经过链接装配形成可执行文件后才能运行。虽然编译方式实现较为复杂，但生成的目标代码执行的效率较高。解释方式的高级语言程序用解释器（一种程序）边解释边执行后，直接获得结果。解释方式实现简单，但相对于编译方式，执行效率低。目前除极少数跟硬件打交道的程序员外，绝大多数程序员都使用高级语言编程。目前广泛流行的高级语言包括Java、C、C++、C#、Python、LISP 等。

程序设计语言的发展是一个不断演变的过程。从最开始的机器语言到汇编语言，再到各种各样的高级语言，甚至到未来的面向应用的语言，人们追求的是把机器能够理解的语言提升到能够模拟人类思考问题的语言。

2. 编写程序的方法

编写程序是为了用计算机解决问题。一个程序应包括以下两方面的内容：一是对数据的描述，在程序中要指定数据的类型和数据的组织形式，即数据结构；二是对操作的描述，即操作步骤，也就是算法。1984 年，图灵奖得主、瑞士计算机科学家尼古拉斯·沃斯（Niklaus Wirth）精辟指出：程序=数据结构+算法。

编写程序的基本方法——IPO 方法。其中，I（input）为输入原始数据。程序中数据的获取，可以通过多种方法实现，如控制台输入、随机数据输入、内部变量输入、文件输入、交互界面输入等。P（process）为处理数据，即设计解决问题的步骤，即算法，它是程序的灵魂。O（output）为输出数据，即得到程序运行的结果，结果可以输出到控制台、系统内部变量、文件、网络等。

例如：要解决华氏温度与摄氏温度的换算问题，要求输入一个华氏温度值，经过程序的处理，输出对应的摄氏温度值。

I：通过键盘输入华氏温度值。

P：通过计算公式 $C=(F-32)/1.8$ 求得结果。

O：在显示器上输出程序运行的结果。

解决温度换算问题的算法如图 1-3 所示。

```
Step1: F←0,C←0;          定义变量
Step2: 输入F;            键盘输入华氏温度值
Step3: C←（F-32）/1.8;    计算对应的摄氏温度值
Step4: 输出C;            将计算结果摄氏温度值输出到显示器上
```

图 1-3 解决温度换算问题的算法

简而言之，计算机编程就是告诉计算机如何做。计算机虽"多才多艺"，但不太善于独立思考，我们必须提供详尽的细节，使用它们能够明白的语言将算法提供给它们。

算法是程序的灵魂，在程序设计中处于核心地位，但是在实际应用中，用户首先关心的是自己的数据能否被处理，其次关心的是如何处理、用什么工具处理，所以从应用角度出发，程序设计的重心已转移到数据上，因此说：程序=数据结构+算法。

程序设计的本质是功能设计，一般采用结构化程序设计（structured programming）。它最早是由荷兰计算机科学家艾兹格·迪科斯彻（Edsger Wybe Dijkstra）在 1965 年提出的。结构化程序设计的基本原则是自顶向下（top-down）、逐步细化。它是由抽象到具体的功能分解过程，是使用顺序、分支和循环 3 种控制结构构造程序的方法。另外，还有一种程序设计的方法，即面向对象程序设计（object-oriented programming），它最早是由美国人艾伦·凯（Alan Curtis Kay）提出来的，艾伦·凯因此荣获 2003 年的计算机图灵奖。面向对象程序设计是目前软件开发中使用的主流方法，它是一种对现实世界理解并抽象的方法，将对象作为程序的基本单元，并将程序和数据封装在内，以提高软件的重用性、灵活性和扩展性。

1.2　Python 的安装与使用

1.2.1　Python 的安装

目前 Python 有两个版本，一个是 Python 2.x 版本，另一个是 Python 3.x 版本，这两个版本不兼容。由于 Python 3.x 版本越来越普及，故本书以 Python 3.9 版本为基础。在学习 Python 之前，要进行 Python 环境搭建。Python 是跨平台语言，可以在 Windows、macOS、Linux、UNIX 系统上运行。

1. 在 macOS 上安装 Python

如果使用 macOS，系统是 macOS X 10.9 以上的版本，那么系统自带 Python 2.7 版本。若系统要安装 Python 3.9，则有以下两个方法。

方法 1：从 Python 官网下载 Python 3.9 的安装程序，下载后双击运行并安装。

方法 2：如果安装了 Homebrew，则直接通过 brew install Python@3.9 命令安装即可。

2. 在 Linux 上安装 Python

如果使用的是 Linux，且具有 Linux 系统管理经验，那么自行安装 Python 3.9 没有问题，否则，请使用 Windows 系统。

3. 在 Windows 系统上安装 Python

根据 Windows 版本（64 位还是 32 位），从 Python 官网上下载 Python 3.9 对应的 64 位或 32 位安装程序，网址：https//www.python.org/ftp/python/3.9.10/python-3.9.10-amd64.exe 或 https//www.python.org/ftp/python/3.9.10/python-3.9.10.exe。

　　然后，运行下载的安装包。Python 安装界面如图 1-4 所示。注意：要勾选 Add Python 3.9 to PATH 复选框，然后单击 Install Now 选项即可完成安装。Python 安装完成的提示界面如图 1-5 所示。

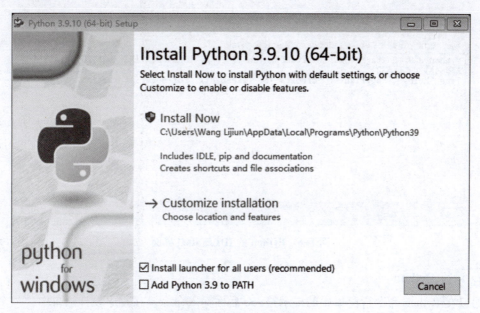

图 1-4　Python 安装界面

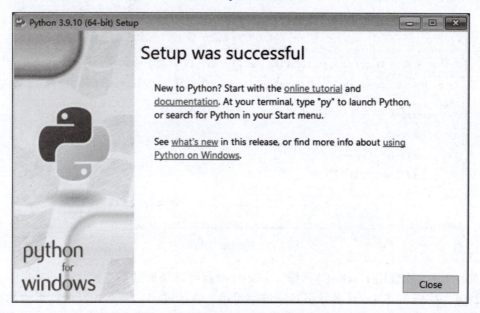

图 1-5　Python 安装完成的提示界面

▶▶ 1.2.2　Python 的使用

1. 启动 Python

在计算机"开始"菜单中找到 IDLE（Python 3.9）并单击，看到提示符>>>就表示已经进入 Python 交互式环境，如图 1-6 所示。在这里可以输入任何 Python 代码，按〈Enter〉键后立刻会得到运行结果。例如，输入 exit( ) 并按〈Enter〉键，就可以退出 Python 交互式环境，即直接关闭 Python 命令行窗口。

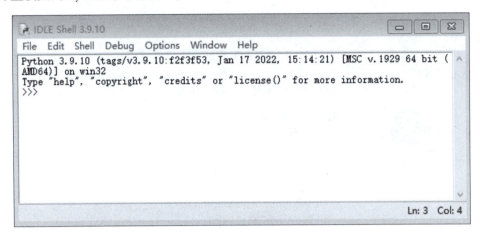

图 1-6　Python 的 IDLE Shell 界面

2. 运行 Python

可以在 Python 命令行窗口中的提示符>>>后面输入命令。在程序设计语言中，一个完整的命令称为语句，如图 1-7 所示。

```
Python 3.9.10 (tags/v3.9.10:f2f3f53, Jan 17 2022, 15:14:21) [MSC v.1929 64 bit (
AMD64)] on win32
Type "help", "copyright", "credits" or "license()" for more information.
>>> print("hello world!")
hello world!
>>> print(2+4)
6
>>> print(2-4)
-2
>>> print(2*4)
8
>>> print("2/4=",2/4)
2/4= 0.5
>>>
```

图 1-7　Python 语句行

图 1-7 中多次使用了 print( ) 函数，print( ) 函数可以输出结果，如" hello world!"、2+4、2-4、2＊4、"2/4 = "、2/4。双引号引起来的字符串，直接输出；表达式经计算后输出结果，表达式为 2+4 则输出计算结果 6。

通常，我们需要输入多行的代码片段，并执行整个代码片段。Python 允许将一系列的语句放在一起，创建一个全新的命令或函数。下面创建一个新函数：

```
>>>def hello():
print("hello")
print("Computers are fun!")
```

图1-8中，def行告诉Python将定义一个函数，函数名为hello。接下来的有缩进的两行是函数体，最后的空行表示函数定义结束。开头的提示符>>>是Python系统自带的，跟在后面的空格是用〈Tab〉键输入的。

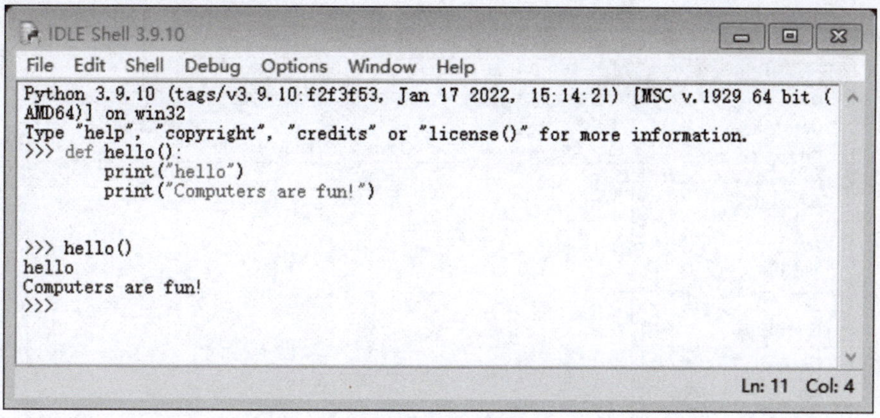

图1-8　Python代码片段的执行

函数定义好后，系统并不直接输出结果，在命令行上调用此函数，才会输出结果。上述定义的hello( )是无参函数，还可以定义有参函数。例如：

```
>>>def greet(person):
print("hello",person)
print("How are you?")
```

图1-9中，def行告诉Python将定义一个函数，函数名为greet，参数为person。调用此函数时，要给出参数值，如greet("John")是将字符串"John"赋给了参数person。调用时的参数值可以是任意的字符串。

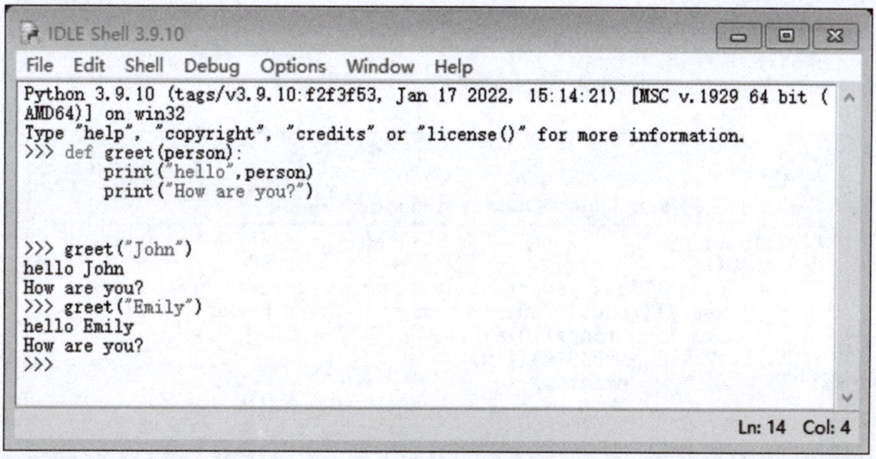

图1-9　定义有参函数

如果将函数交互式地输入Python Shell中，像前面的hello( )和greet( )那样，则会存在一个问题，就是当退出Python Shell时，定义就会消失，如果希望下次再使用它们，必须重新输入。程序的创建通常是把定义写到独立的、称为模块或脚本的文件中。此文件保存在辅助存储器中，可以反复使用。

打开 IDLE 编辑器的方法是，选择 File→New File 菜单选项，如图 1-10 所示。

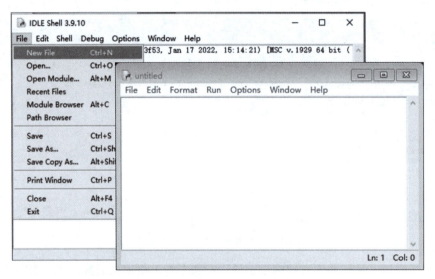

图 1-10　打开 IDLE 编辑器

将下面的代码段输入 IDLE 编辑器中，选择 File→Save 菜单选项，将其保存为 mycx1.py 文件，如图 1-11 所示。

```
#1-1 mycx1.py
def main():
    print("This program illustrates a chaotic function")
    x=eval(input("Enter a number between 0 and 1:"))
    for I in range(10):
        x=3.9*x*(1-x)
        print(x)
```

```
#1-1 mycx1.py
def main():
        print("This program illustrates a chaotic function")
        x=eval(input("Enter a number between 0 and 1: "))
        for I in range(10):
                x=3.9*x*(1-x)
                print(x)
```

图 1-11　在 IDLE 编辑器中输入代码段并保存

代码段说明：

（1）eval( )函数的功能是将字符串作为有效的表达式来求值并返回计算结果。函数的调用格式为：

```
eval(expression[,globals[,locals]])
```

其中，expression 为表达式；globals 为变量作用域，全局命名空间，如果被提供，则必须是一个字典对象；locals 为变量作用域，局部命名空间，如果被提供，可以是任何映射对象。

（2）input( )函数用于接收一个标准的输入数据，返回值类型为 string 类型。

运行 mycx1. py 程序的方法：选择 Run→Run Module 选项，如图 1-12 所示。

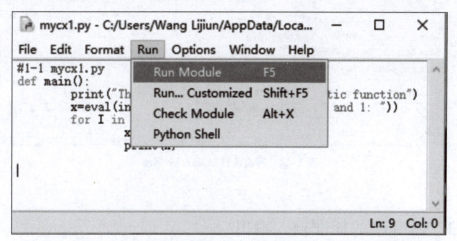

图 1-12　运行 mycx1. py 程序的方法

在打开的 IDLE 编辑器中输入定义的函数名 main( )，在提示语句出现后输入参数 0.5，即可得到运行结果，如图 1-13 所示。

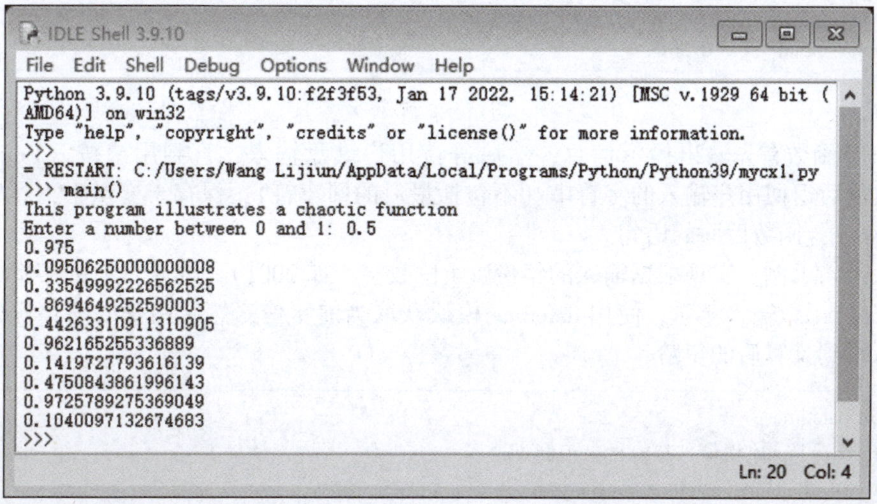

图 1-13　运行 mycx1. py 程序

mycx1. py 文件的扩展名 . py 表示该文件是一个 Python 模块。以后需要再次运行其中代码时，就可以直接打开该文件运行。方法是：在 IDLE 编辑器中选择 File→Open 菜单选项，在打开的窗口中选定文件 mycx1.py，单击"打开"按钮，即打开此文件，之后就可选择 Run 菜单运行程序了，如图 1-14 所示。

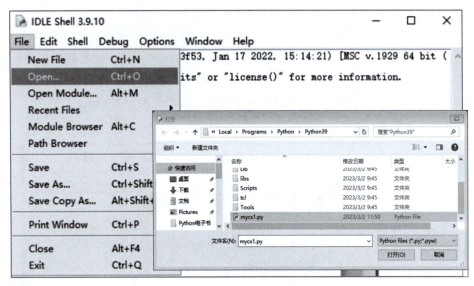

图 1-14　再次运行 mycx1.py 程序

1.3　Python 的标准输入输出

▶▶▶ 1.3.1　基于 input( ) 函数的输入

在 Python 中可以通过 input( ) 函数获取键盘输入数据，格式为：

> variable＝input(<提示字符串>)

说明：

input( ) 函数首先输出提示信息，然后等待用户键盘输入，直到用户按〈Enter〉键结束，函数最后返回用户输入的字符串（不包括最后的回车符），保存于变量中，然后程序继续执行 input( ) 函数后面的语句。

输入语句示例：实现根据输入的年份（4 位数字，如 2001），计算目前的年龄，程序中使用 input( ) 函数输入年份，使用 datetime 模块获取当前年份，然后用获取的年份减去输入的年份，得到计算后的年龄。

```
import datetime
birth_year＝input("请输入您的出生年份:")
now_year＝datetime. datetime. now(). year
age＝now_year-int(birth_year)
print("您的年龄为:"+str(age)+"岁")
```

运行结果如图 1-15 所示。注意：

（1）input( )函数的小括号中放入的是提示信息，用来在获取数据之前给用户一个简单的提示；

（2）input( )函数从键盘获取了数据以后，会将数据存放到等号左边的变量中；

（3）input( )函数会把用户输入的任何值都作为字符串来对待。

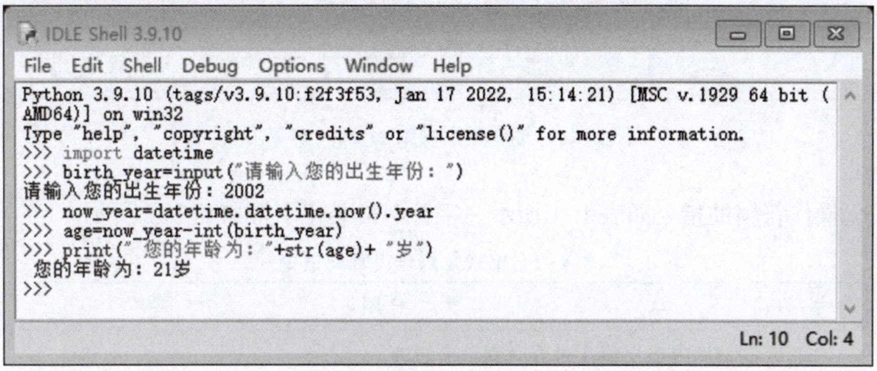

图 1-15 标准输入函数 input( )的应用

1.3.2 基于 print( )函数的输出

在 Python 中使用内置的 print( )函数可以将结果输出到 IDLE 或者标准控制台上。

1. print( )函数的一般格式

print( )函数的一般格式为：

```
print(<输出值 1>[,<输出值 2>,…,<输出值 n>,sep=' ',end='\n'])
```

print( )函数可以将多个输出值转换为字符串并输出，这些值之间以 sep 分隔，最后以 end 结束。sep 默认为空格，end 默认为换行。

说明：

在 Python 的默认情况下，一条 print( )语句输出后会自动换行，如果想要一次输出多个内容，而且不换行，则可以将要输出的内容使用英文半角的逗号分隔。

输出语句示例：

```
print('abc',123)
print('abc',123,sep=',')
```

运行结果如图 1-16 所示。

2. print( )函数的格式化输出

（1）%操作符。

在 Python 中要实现格式化字符串输出，可以用"%"操作符，后跟格式化字符。%操作符的语法格式如下：

```
'%[-][+][#][0][m][.n]格式化字符'% exp
```

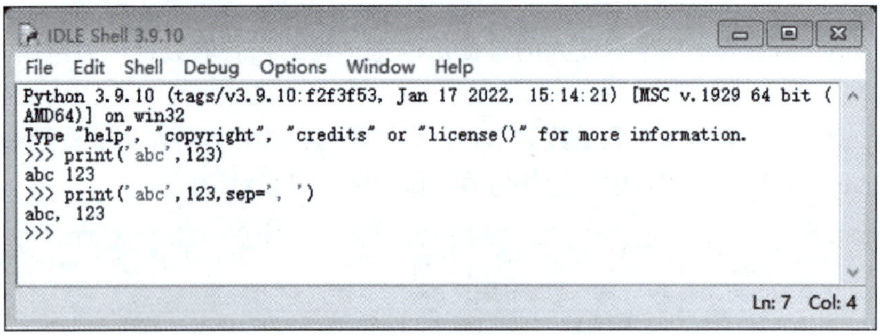

图 1-16　标准输出函数 print( ) 的应用

格式化操作符辅助指令如表 1-1 所示。字符串格式化字符如表 1-2 所示。

表 1-1　格式化操作符辅助指令

符号	作用
-	在指定的宽度内输出值左对齐（默认右对齐）
+	在输出的正数前面显示"+"（默认不输出"+"）
#	在输出的八进制数前添加"0o"，在输出的十六进制数前添加"0X"或"0x"
0	在指定的宽度内输出值时，左边的空格位置以 0 填充
m	定义输出的宽度，如果变量值的输出宽度超过 m，则按实际宽度输出
n	对于浮点数，指输出时小数点后保留的位数（四舍五入）；对于字符串，指输出字符串的前 n 位

表 1-2　字符串格式化字符

格式化字符	含义	示例
%s	输出字符串	'Gradeis%s'%'A-' 返回 GradeisA-
%d	输出整数	'Scoreis%d'%90 返回 Scoreis90
%c	输出字符	'%c'%65 返回'A'
%f 或 %F	输出浮点数，可指定小数点后的精度	'%f'%1.23456 返回'1.234560' '%.4f'%1.23456 返回'1.2346' '%7.3f'%1.23456 返回' 1.235' '%4.3f'%1.23456 返回'1.235'
%o 或 %O	以无符号的八进制数格式输出	'%o'%10 返回'12'
%x 或 %X	以无符号的十六制数格式输出	'%x'%10 返回'a'
%e 或 %E	以科学记数法格式输出	'%e'%10 返回'1.000000e+01'

如果需要在字符串中通过格式化字符输出多个值，则将每个对应值存放在一对圆括号中，值与值之间使用英文逗号分开。

%操作符应用示例：

```
animal='monkey'
num=4
print('A%s has%d legs'%(animal,num))
```

运行结果如图1-17所示。

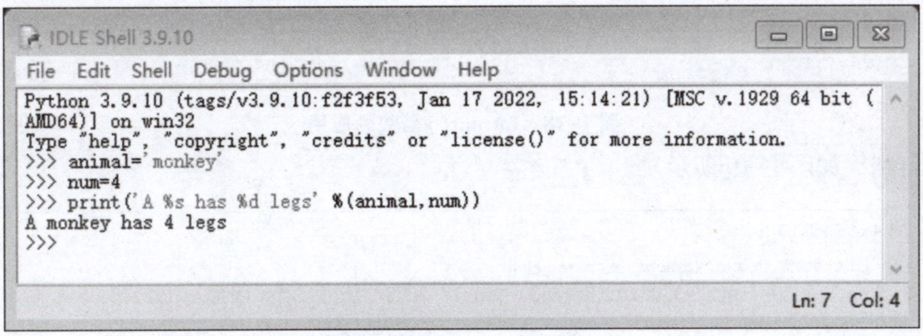

图1-17　格式化字符输出

（2）format()函数。

Python 3还支持用函数str.format()进行字符串格式化。该函数在形式上相当于通过{}来代替%，但功能更加强大。format()函数还可以用接收参数的方式对字符串进行格式化。参数位置可以不按显示顺序排列，参数也可以不用或者多次使用。

示例：

```
print('%.2f'%3.1415)
print('%5.2f'%3.1415)
print('{0}的年龄是{1}'.format('文斗',2))
print('{name}的年龄是{age}'.format(age=2,name='文斗'))
```

运行结果如图1-18所示。

（3）f-strings格式化输出。

示例：

```
name='新时代'
age=20
sex='男'
res=f'我的名字叫:{name.upper()},我今年{age}岁,我是{sex}生'
print(res)
```

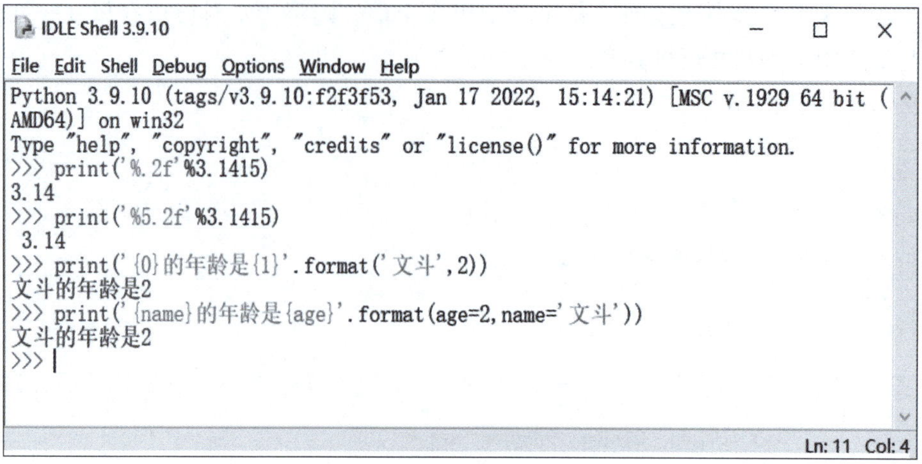

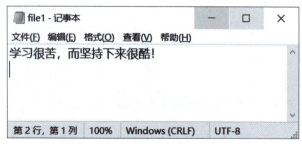

图 1-18　format( )函数的应用

运行结果如图 1-19 所示。

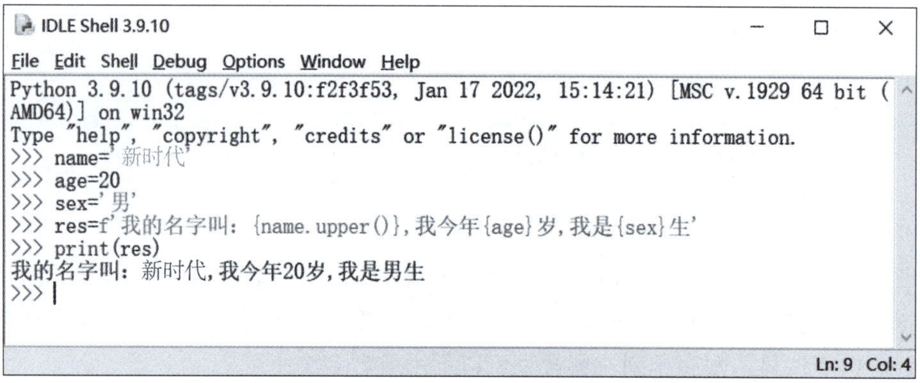

图 1-19　f-strings 格式化输出

（4）print( )函数输出到文件。

示例：

```
fp=open('E:\\my\\file1.txt','w',encoding='utf-8')    #打开文件
print('学习很苦，而坚持下来很酷！',file=fp)             #输出到文件
fp.close()                                            #关闭文件
```

print( )函数输出到 file1.txt 文件结果如图 1-20 所示。

图 1-20　print( )函数输出到 file1.txt 文件结果

（5）ACSII 码格式输出。

ASCII 码是美国信息交换标准码，包括英文大小写字母、数字和一些符号。

通过 ASCII 码表示字符，需要使用 chr( ) 函数进行转换。例如：print(chr(65))，显示的内容为 A。如果字符显示 ASCII 值，需要使用 ord( ) 函数进行转换，例如：print(ord('a'))，显示的内容为 97。

示例：编写程序，实现在键盘上输入相应字母、数字或符号，输出其 ASCII 码值，即十进制的数字。例如：输入 B，则输出显示为 66；输入 ＊，则输出显示为 42。运行结果如图 1-21 所示。

```
c=input("请输入单个字符:")
print(c+"ASCII 码为:",ord(c))
```

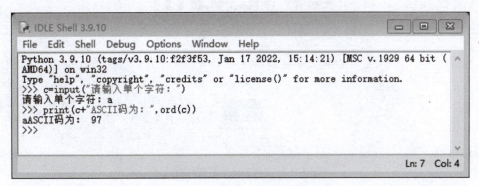

图 1-21　print( ) 函数输出 ASCII 码

1.4　Python 的集成开发环境——PyCharm

Python 自带的 IDLE 或者 Python Shell 比较适合编写简单的程序，但对于大型的编程项目，则需要借助专业的集成开发环境和代码编辑器。

PyCharm 是在用户使用 Python 开发时能够提高效率的工具。PyCharm 是一种 Python IDE（Integrated Development Environment，集成开发环境），具有一整套可以帮助用户在使用 Python 开发时提高其效率的功能，比如调试、语法高亮、项目管理、代码跳转、智能提示、自动完成、单元测试、版本控制等功能。此外，PyCharm 提供了一些高级功能，以用于支持 Django 框架下的专业 Web 开发。

PyCharm 是 JetBrains 公司开发的一款 Python 开发人员的专用工具，支持 Windows、ma-cOS、UNIX、Linux 等操作系统。

▶▶ 1.4.1　PyCharm 的下载

访问 PyCharm 的官网（https://www.jetbrains.com/pycharm/）进入 PyCharm 的官网首页，如图 1-22 所示。

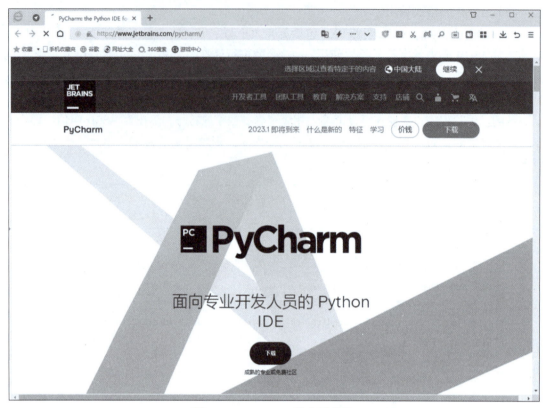

图 1-22　PyCharm 的官网首页

单击"下载"按钮下载。PyCharm 的下载界面如图 1-23 所示。

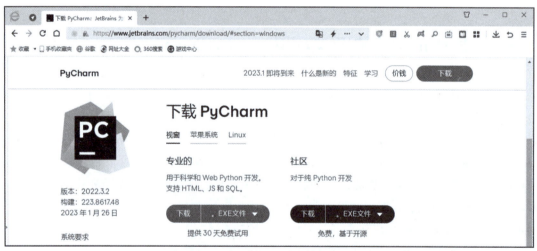

图 1-23　PyCharm 的下载界面

同 Python 一样，PyCharm 也是跨平台的，可以运行在 Windows、macOS、UNIX、Linux 等操作系统平台上。PyCharm 提供两个版本，分别为专业版和社区版，前者免费试用，后者免费且开源，建议使用社区版。

▶▶ 1.4.2　PyCharm 的安装

PyCharm 的安装步骤如下。

（1）双击下载后得到的可执行文件，将显示 PyCharm 安装向导，如图 1-24 所示。

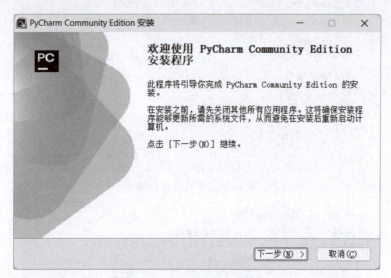

图 1-24　PyCharm 安装向导

（2）单击"下一步"按钮开始安装，并选择安装位置，如图 1-25 所示。

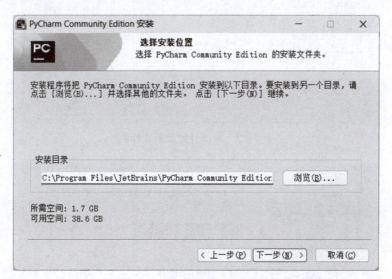

图 1-25　选择安装位置

（3）单击"下一步"按钮，进入安装选项界面，勾选所有复选框，如图 1-26 所示。

（4）单击"下一步"按钮，选择开始菜单文件夹，如图 1-27 所示，单击"安装"按钮，等待 PyCharm 安装完成。

（5）安装完成后，弹出提示框，选中"否，我会在之后重新启动（N）"单选按钮，如图 1-28 所示。

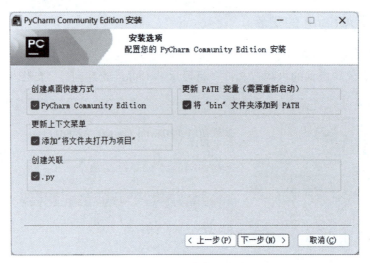

图1-26　安装选项界面

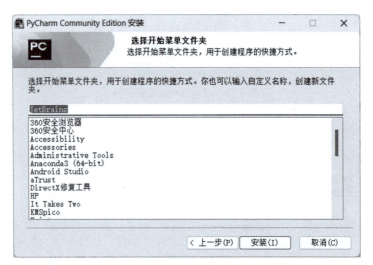

图1-27　选择开始菜单文件夹

图1-28　安装程序结束

1.4.3 PyCharm 的简单使用

（1）双击桌面快捷方式，启动软件，打开 PyCharm 主窗口，如果已有 Python 项目，则可以直接打开已有项目；若是第一次使用，则选择新建项目，如图 1-29 所示。

图 1-29　PyCharm 主窗口

（2）单击"新建项目"按钮，创建新项目，出现选项页。"位置"是新项目的保存路径，可以自行选择，如图 1-30 所示。

图 1-30　设置项目保存路径

（3）单击"创建"按钮，则会在指定路径下创建新项目，如图 1-31 所示。

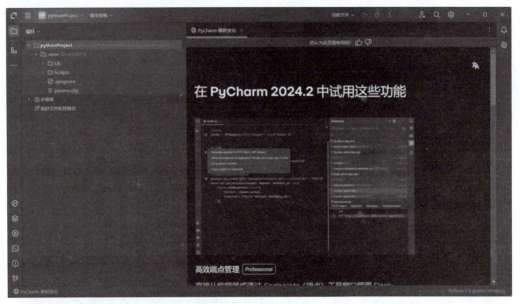

图 1-31　创建新项目

图 1-32　创建 Python 文件

（4）下一步是创建 .py 文件。依次单击"文件"→"新建"→"Python 文件"选项，出现如图 1-32 所示的页面，在空白行上输入文件名"Hello World"，然后双击"Python 文件"。

（5）输入程序代码并运行，结果如图 1-33 所示。

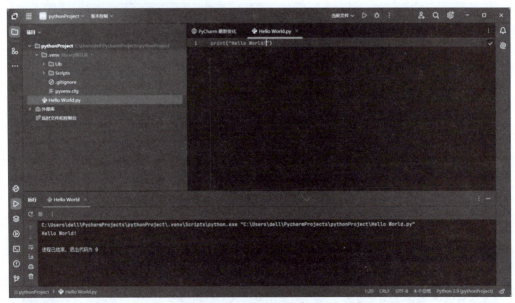

图 1-33　编辑并运行代码

1.5　本章小结

本章主要介绍了以下内容。

（1）程序和程序设计：程序是为实现特定目标或解决特定问题而利用计算机程序设计语言编写的计算机命令的集合。程序设计语言经过机器语言、汇编语言和高级语言3个发展阶段。编写程序是为了用计算机解决问题，编写程序的基本方法包括原始数据输入、数据处理、结果输出。

（2）Python是一种广泛使用的、跨平台的、开源的解释型高级语言。Python经过近30年的发展历程，功能不断完善、对用户友好，在许多领域内得到了广泛应用。

（3）Python的开发环境操作方便、易于上手。

（4）Python的标准输入输出。input()函数用于接收用户从键盘上输入的数据，以字符串的形式返给用户。print()函数可以输出多种数据结果，可以用格式化字符定义输出项的格式。

1.6　练习题

1. 操作题。

（1）如果你还没有安装Python，现在就立刻动手安装。

（2）启动Python。

（3）使用Python来计算8×9，按〈Enter〉键查看结果，Python应该会打印72。

（4）在Python中输入数字47并按〈Enter〉键，Python有没有在下一行打印出47？

（5）现在，在Python中输入print(47)并按〈Enter〉键，Python有没有在下一行打印出47？

2. Python中，以下（　　）函数是用于输出内容到终端的。

A. echo()　　　　　B. output()　　　　　C. print()　　　　　D. console.log()

3. 以下关于Python的描述错误的是（　　）。

A. Python的语法类似于PHP　　　　　B. Python可用于Web开发

C. Python是跨平台的　　　　　D. Python可用于数据抓取（爬虫）

4. 以下（　　）符号用于Python的注释。

A. *　　　　　B. (comment)　　　　　C. //　　　　　D. #

5. 以下（　　）标记用于Python的多行注释。

A. '''　　　　　B. ///　　　　　C. ###　　　　　D. (comment)

6. Python中，以下（　　）变量的赋值是正确的。

A. var a = 2　　　　　B. int a = 2　　　　　C. a = 2　　　　　D. variable a = 2

7. Python源程序执行的方式是（　　）。

A. 编译执行　　　　B. 解释执行　　　　C. 直接执行　　　　D. 边编译边执行

8. 以下代码中（　　　）定义函数的语句是正确的。

A. def someFunction( ) :

B. function someFunction( )

C. def someFunction( )

D. function someFunction( ) :

9. Python 源代码程序文件的扩展名是（　　　）。

A. . py　　　　　　B. . c　　　　　　C. . java　　　　　　D. . php

10. 在 Python 中常用的输入输出语句是（　　　）。

A. input( ) output( )

B. input( ) print( )

C. input( ) printf( )

D. scanf( ) printf( )

11. 在 Python 中，运行下列程序，从键盘接收的数据分别是 15 和 20，输出的结果是（　　　）。

```
a=int(input())
b=int(input())
print(a+b)
```

A. 1 520　　　　　　B. 35　　　　　　C. 0　　　　　　D. 3

第 2 章 Python 语法基础

计算机最早被设计用来解决计算问题，人们通过编写程序将一个数学问题转换为计算机可以求解的问题。Python 提供了可用于数学计算的数值类型与运算方法。本章将介绍变量、数值类型、运算符和表达式、常见的内置函数及字符串应用。

本章要点

- 变量
- 数值类型
- 数值类型的转换
- 常用数学运算函数的应用
- math 库中的函数及应用
- 字符串及常见字符串函数

2.1 变量

Python 中把每个数据都抽象为一个对象，每个对象有 3 个基本属性：类型（type）、身份标识（id）和值（value）。除了这 3 个基本属性，在使用过程中，用户经常会通过加标签的方式给对象附加一个名字（name），以方便在程序中通过这个名字引用该对象。这个名字与其他程序设计语言中的变量作用相似，所以以 Python 延续习惯用法将名字称为变量。

2.1.1 变量命名规范

因为变量仅仅是一个名字（标识符），所以很多初学者认为使用"a"或"b"这样的简单字母命名变量，可以方便地编写出计算机可以正确执行的程序。虽然这样命名在语法上没有问题，但优秀的程序员并不会使用这样一些无意义的字母作为变量名。一般来说，他们会为每个对象起一个简洁且能清晰表达对象意义的名字，以使自己编写的程序可以让其他程序员花尽可能少的时间便能阅读和理解。

Python 变量的命名支持使用大小写字母、数字和下划线，且数字不能为首字符。Python 变量名区分大小写，true 和 True 不同。比较好的命名是使用单词及单词的组合作为变量名称，使其具有一定的意义，可提高程序的可读性和可维护性。

Python 3.9 中有 36 个关键字，这些关键字不能用作变量名。也不建议使用系统内置的模块名、类型名或函数名作为变量名。

▶▶ 2.1.2 Python 关键字

关键字是预先保留的标识符，每个关键字都有特殊的含义，一般用于构成程序框架、表达关键值和具有结构性的复杂语义，不能用于通常的标识符。程序设计语言众多，每种语言都有相应的关键字，Python 目前拥有 36 个关键字。表 2-1 给出 Python 中的关键字及其含义，读者可在后续的学习中逐步掌握这些关键字。

表 2-1　Python 中的关键字及其含义

关键字	含义
from	用于导入模块，与 import 结合使用
import	用于导入模块，可与 from 结合使用
in	判断对象是否在序列中
is	判断对象是否为某个类的实例
if	条件语句，可与 else、elif 组合使用，语句以冒号结束，子句必须缩进
elif	条件语句，与 if、else 组合使用，语句以冒号结束，子句必须缩进
else	条件语句，与 if、elif 组合使用，也可用于异常和循环语句，语句以冒号结束，子句必须缩进
for	迭代循环语句，语句以冒号结束，子句必须缩进
while	条件循环语句，语句以冒号结束，子句必须缩进
continue	跳过本次循环剩余语句的执行，继续执行下一次循环
break	中断当前层循环语句的执行
pass	空的类、方法或函数的占位符
and	用于表达式运算，逻辑与操作
or	用于表达式运算，逻辑或操作
not	用于表达式运算，逻辑非操作
False	布尔类型，表示假，与 True 相反
True	布尔类型，表示真，与 False 相反
None	表示什么也没有，数据类型为 NoneType
class	用于定义类
def	用于定义函数或方法，语句以冒号结束，子句必须缩进
return	用于从函数返回计算结果
yield	用于从函数依次返回值

关键字	含义
lambda	定义匿名函数
try	包含可能会出现异常的语句，与 except、finally 结合使用
except	包含捕获异常后的操作代码块，与 try、finally 结合使用
finally	用于异常语句，出现异常后，始终要执行 finally 包含的代码块。与 try、except 结合使用，语句以冒号结束，子句必须缩进
assert	断言，用于判断变量或者条件表达式的值是否为真
with	上下文管理器，可用于优化 try、except、finally 语句
as	用于类型转换
raise	用于异常抛出操作
del	用于删除对象或删除变量、序列的值
nonlocal	用于标识外部作用域的变量
global	用于定义全局变量
async	用于定义协程函数
await	用于挂起协程
__peg_parser__	与 PEG 解析器相关的内部彩蛋，Python 3.8 中没有

2.2　数值类型

Python 3 中可参与数学运算的数值类型主要有 3 种：整数（int）、浮点数（float）和复数（complex）。

2.2.1　整数

整数是不包含小数点的数字，包括十进制的 0、正整数和负整数以及其他进制的整数。例如，123、-45、0b1101（二进制）、0o17（八进制）、0xff（十六进制）。整数的 4 种进制表示如表 2-2 所示。

表 2-2　整数的 4 种进制表示

进制种类	引导符号	描述与示例
十进制	无	由字符 0 到 9 组成，遇 10 进 1，如 99、156
二进制	0b 或 0B	由字符 0 和 1 组成，遇 2 进 1，如 0b1010、0B1111
八进制	0o 或 0O	由字符 0 到 7 组成，遇 8 进 1，如 0o107、0O777
十六进制	0x 或 0X	由字符 0 到 9 及 a、b、c、d、e、f 或 A、B、C、D、E、F 组成，遇 16 进 1，如 0xFF、0X10A

Python 3 中整数几乎是没有限制大小的，可以存储计算机内存能够容纳的无限大整数，而且整数永远是精确的。

factorial(n)是 math 库中计算阶乘的一个函数，利用它可以计算整数 n 的阶乘。在其他语言中，较大的数字的阶乘运算需要用很复杂的算法写近百行程序代码才能够完成，而在 Python 中，可以用以下 2 行语句完成任意的非负整数的阶乘运算，而且所得到的结果是完全准确的，没有任何数字被省略或近似。限于篇幅，这里只给出 100 的阶乘结果，实际上 10 000 或更大数字的阶乘结果也可以快速且准确地计算出来。

```
import math              #导入 math 库
print(math. factorial(100))  #用 math 库 factorial()函数计算 100 的阶乘
```

输出：

```
93326215443944152681699238856266700490715968264381621468592963895217599993229915608941463
9761565182862536979208272237582511852109168640000000000000000000000000
```

除了通常意义上的整数，布尔值也属于整数的子类型。布尔值有两个常量对象 False 和 True。它们被用来表示逻辑上的"假值"或"真值"。在数值类型的上下文中，它们分别以整数"0"或"1"为值参与运算。

```
print(False+3)          #输出 3
print(True * 2+6)        #输出 8
```

内置函数 bool( )可将任意可被解析为逻辑值的对象值转换为布尔值。产生布尔值的运算和内置函数总是返回"0"或 False 作为"假值"，返回"1"或 True 作为"真值"。

▶▶ 2.2.2 浮点数

浮点数有两种表示方法：十进制和科学记数法。

十进制表示的浮点数由整数部分、小数点与小数部分组成，例如，12. 345、12.、45. 0、3. 14。其小数部分可以没有数字，但必须要有小数点，此时相当于小数部分为 0。当其没有小数部分且没有小数点时就变成了整数。

浮点数的科学记数法表示为<a>e<n>，等价于数学中的 $a \times 10^n$。

例如，0. 12e−5、2e3、4. 56e3($4.56e3 = 4.56 \times 10^3 = 4560.0$)。

计算机中数字的表示采用的是二进制方式，十进制与二进制转换过程中可能会引入误差，所以一般来说，浮点数无法保证百分之百精确。

Python 中浮点数占 8 个字节（64 位）存储空间，能表示的数字范围为 1.7×10^{-308} ~ 1.7×10^{308}，超过这个范围时会触发溢出异常（OverflowError）。

```
print(pow(809. 0,106))   # 809.0e106 的值为 1. 748 007 496 839 708 e+308
print(pow(810. 0,106))   # OverflowError:(34,'Result too large')
```

Python 中浮点数输出时将只保留 16 或 17 位有效数字，其余部分截断丢弃，所以在计算机中浮点数经常无法精确表示。

虽然在 str. format( )方法中可以使用在占位符中的冒号后面加".mf"的方法设置浮点数

的小数位数为 m 位，但实际上超过 17 位有效数字后面的数字并不能精确表示。

```
print('{:. 20f}'. format(314159. 26535897932384626433827950288419))
print('{:. 20f}'. format(3. 1415926535897932384626433827950288419))
```

输出：

```
314159. 26535897934809327125
3. 14159265358979311599
```

▶▶▶ 2.2.3　复数

复数由实数部分和虚数部分构成，可以用 a+bj 或者 complex(a,b) 表示，复数的实部 a 和虚部 b 都是浮点数。可以用 real 和 imag 分别获取复数的实部和虚部，用 abs(a+bj) 获得复数的模。

```
print((3. 0+4. 0j). real)        #输出实部为 3.0
print((3. 0+4j). imag)           #输出虚部为 4.0,复数的实部和虚部都是浮点数
print(abs(3. 0+4. 0j))           #输出复数的模为 5.0
```

Python 支持复数类型和运算，但入门学习阶段应用较少，读者有一个概念即可，此处不作具体和更深入的讲解。

🗒 2.3　数值类型转换

在程序设计过程中，经常需要对数值类型进行转换。不同数值类型进行转换时，将数据类型作为函数名，将要转换的数字作为函数的参数即可完成转换。

（1）int() 函数不仅可以进行浮点数与整数间的转换，也可以进行字符串与数值类型的转换。
语法：

```
int(x,base=10)
```

当 x 是一个浮点数且没有参数 base 时，int() 函数可以将这个浮点数转换成十进制整数。当 x 不是数字或给定了参数 base 时，x 必须是一个整型的字符串，此时 int() 函数将这个整型的字符串转成整数，base 为整数的进制，如 2、8、10、16 分别代表二进制、八进制、十进制和十六进制。

```
print(int(4. 56))                     #x为浮点数,base 省略,取整数部分 4
print(int('100'))                     #x为整型字符串,base 省略,转整数 100
#base 为 2,将二进制构成的字符串转成十进制整数,输出 255
print(int('11111111',base=2))         #二进制 11111111 转成十进制整数是 255
print(int('11111111',2))              #base 可省略,二进制 11111111 转成十进制
print(int('1111'+'1111',2))           #字符串 x 可由字符串拼接而成,输出 255
```

默认情况下 base＝10，默认将一个十进制整数形式的字符串转换成十进制的整数。base 可以取的值包括 0、2~36 中的整数。当 base 取值为 0 时，系统根据字符串前的进制引导符确定该数的进制，例如：

```
print(int('0o107',base＝8))      #'0o'表示这是八进制的整数,输出 71
print(int('0x107',base＝16))     #'0x'表示这是十六进制的整数,输出 263
print(int('0b1001',base＝2))     #'0b'表示这是二进制的整数,输出 9
```

需要注意的是，int( ) 函数只能将整数字符串或浮点数转成整数，不能将浮点数字符串转成整数。例如，尝试将字符串'4.56'转成整数时，系统会返回 ValueError 异常：

```
print(int('4.56',base＝10))    # ValueError:invalid literal for int()with base 10:'4.56'
```

（2）float(x)将整数 x 或浮点数类型字符串转换为一个浮点数。

```
print(float(5))          #整数转换为浮点数,增加小数位,小数部分为 0,输出:5.0
print(float('4.56'))     #将字符串'4.56'转换为浮点数 4.56
print(float('0.456'))    #将字符串'0.456'转换为浮点数 0.456
```

（3）complex(x)将浮点数 x 转换为一个复数，实数部分为 x，虚数部分为 0。

（4）complex(x[,y])将 x 和 y 转换为一个复数，实数部分为 x，虚数部分为 y。x 和 y 是数字表达式，若 x 是一个可以转换为数字或复数的字符串，此时不可再有参数 y。

```
print(complex(3))      #整数转换为复数,虚部为 0,输出:(3+0j)
print(complex(3,4))    #整数转换为复数,输出:(3+4j)
```

（5）eval(x)将数值型的字符串对象 x 转换为其对应的数值。例如，当 x 为字符串'3'时，转换结果为数值 3；当 x 为字符串'3.0'时，转换结果为数值 3.0。

```
a＝eval('10')      #字符串'10'被转换为数值 10
print(a * 3)       #10 * 3＝30
a＝eval('10.0')    #字符串'10.0'被转换为数值 10.0
print(a * 3)       #10.0 * 3＝30.0
```

eval( ) 函数还可以把用逗号分隔的多个数值型数据的字符串转换为一个元素为数值类型的元组。例如，eval('3.5,3,2.0')的结果为（3.5,3,2.0）。利用这个特性，可以实现在一条语句中将用逗号分隔的多个数值型输入分别赋值给不同的变量，实现多变量的同步赋值。

```
m,n＝eval(input())    #输入用逗号分隔的 2 个数值型数据,赋值给 m、n
#例如,输入 3,4.0
print(m,n)            #输出 3 4.0
print(m * n)          #输出 12.0
```

【例2-1】 计算矩形面积。

矩形的面积等于其长与宽的乘积，用户输入长和宽的值，按输入要求编程计算矩形的面积，输入要求如下。

（1）输入两个正整数，输出结果为整数。

（2）输入两个浮点数，输出结果为浮点数。

（3）输入两个正数，要求输出的数据类型与输入的数据类型保持一致。

Python 中任何输入都会被当作字符串进行处理，字符串无法参与数学运算，所以在程序中需要将输入的字符串转换为数值类型。

当用户的输入确定是整数时，程序中可以用 int( ) 函数将输入转换为整数类型，计算结果也是整数。用 int( ) 函数不加其他参数将输入转换为整数时，输入仅可包括"0123456789"中的数字，当输入中包含小数点、字母等其他字符时，会触发 ValueError 异常。

```
#输入整数表示的矩形长和宽,计算并输出矩形的面积
width=int(input())        #用 int()函数将输入转换成整数,例如,输入 3
length=int(input())       #用 int()函数将输入转换成整数,例如,输入 4
area=width * length       #利用面积公式计算面积
print(area)               #输出 12
```

当用户的输入确定是浮点数时，可以用 float( ) 函数将输入转换为浮点数类型。当输入为整数时，也会被转换为浮点数，计算结果也是浮点数。

```
#输入浮点数表示的矩形长和宽,计算并输出矩形的面积
width=float(input())      #用 float()将输入转换成浮点数,输入 2.5
length=float(input())     #用 float()函数将输入转换成浮点数,输入 3.4
area=width * length
print(area)               #输出 8.5
```

当用户输入不确定是整数还是浮点数时，如果想保证计算结果与输入的数据类型一致，可以使用 eval( ) 函数，该函数在将输入转换为可计算对象时，会保持数据类型与输入一致。输入整数时，转换后还是整数；输入浮点数时，转换后还是浮点数。

```
#输入正数表示的矩形长和宽,计算并输出矩形的面积
width=eval(input())       #用 eval()函数将输入转换成数值型
length=eval(input())      #用 eval()函数将输入转换成数值型
area=width * length       #利用面积公式计算面积
```

2.4 运算符及表达式

运算符和表达式在程序设计中是比较常见的，几乎所有程序都涉及运算符和表达式。

Python 3 支持数值运算、比较（关系）运算、布尔（逻辑）运算、成员运算、身份运算、位运算等运算形式。

▶▶▶ 2.4.1 数值运算

运算符是一些特殊符号的集合，数学运算中的加（+）、减（-）、乘（*）、除（/）等都是运算符。

表达式是用运算符将对象连接起来构成的式子。程序设计中，表达式的写法与数学中的表达式稍有不同，需要按照程序设计语言规定的表示方法构造表达式。

Python 内置了+、-、*、/、//、% 和 ** 等数值运算符，分别被用于加、减、乘、除、整除、取模和幂运算，具体功能如表2-3所示。

表 2-3　数值运算符

运算符	功能描述	实例（设 a = 8，b = 5）	
+	加：两个数相加	print(a+b) #结果为13	
-	减：两个数相减或得到负数	print(a-b) #结果为3	
*	乘：两个数相乘	print(a*b) #结果为40	
/	除：两个数相除	print(a/b) #结果为1.6	
//	整除：返回商的整数部分	print(a//b)	#结果为1
		print(-10//4)	#结果为-3
%	取模：a%b = a-(a//b)*b	print(a%b)	#结果为3
		print(-10%3)	#结果为2
**	幂运算：a**b 返回 a 的 b 次幂	print(a**b)	#结果为32768

这里的加、减、乘与数学上同类运算意义相同。

Python 3 中的除法有以下两种。

（1）精确除法（/）：无论参与运算的数是整数还是浮点数，是正数还是负数，都直接进行除法运算，运算结果总是浮点数。

```
print(20/5)      #精确除法的结果永远为浮点数4.0
print(-10/4)     #-2.5
```

（2）整除（//）：采用向下取整的算法得到整数结果。所谓向下取整，是在计算过程中，向负无穷大的方向取整。需要注意的是，当参与运算的两个操作数都是整数时，结果是整数；当有浮点数参与运算时，结果为浮点型的整数。

```
print(10//4)     #取负无穷大方向最接近2.5的那个整数2
print(10.0//4)   #2.0,结果为浮点类型的整数
print(-10//4)    #取负无穷大方向最接近-2.5的那个整数-3
```

在 Python 中，% 运算符是取模运算，模运算在数论和程序设计中都有广泛的应用，从奇偶数的判别到素数的判定都会用到模运算。取模运算的结果为表达式 a-(a//b)*b 的值。例如，a=11，b=4，那么 a%b 的值是3。

Python 中用两个星号"**"表示幂运算，a 的 b 次幂的表达式是 a**b。幂运算优先级比取反高，如-4**2 的运算顺序与-(4**2) 相同，即先进行幂运算，再取反，最终的值为-16。在复杂表达式中适当加括号是较好的编程习惯，既可以确保运算按自己预定的顺

序进行，又可以提高程序的可读性和可维护性。例如：

```
print(-(4 ** 2))      #先进行幂运算,再取反,结果为-16
print((-4) ** 2)      #4 先取反,再进行幂运算,结果为 16
```

【例2-2】 一元二次方程求解。

一元二次方程可以用求根公式进行求解。现有一元二次方程：$ax^2+bx+c=0$，当 a、b、c 的值分别为 2、6、4 时，编程求其实根。

将求根公式转换为程序中的表达式：

```
x1=(-b+(b * b-4 * a * c) ** (1/2))/(2 * a)
x2=(-b-(b * b-4 * a * c) ** (1/2))/(2 * a)
```

表达式分母中的（2 * a）的括号不能省略，否则因乘除的优先级相同，会按先后顺序进行运算，那么结果就是除以 2 再乘 a。如果一定要去掉括号的话，可以将 2 * a 中的乘号改为除号（/）以保持数学上的运算顺序。分子中（1/2）的括号不可以省略，因为幂运算优先级高于除法运算，没有括号时会先计算 1 次幂，再除以 2，计算顺序错误。为避免这个问题，可以将（1/2）改写为 0.5。

```
a,b,c=2,6,4                                  #同步赋值,2、6、4 分别赋值给 a、b、c
x1=(-b+(b * b-4 * a * c) ** (1/2))/(2 * a)
x2=(-b-(b * b-4 * a * c) ** (1/2))/(2 * a)
#x2=(-b-(b ** 2-4 * a * c) ** 0.5)/(2 * a)    #用 0.5 代替 1/2
print(x1,x2)                                 #在一行内输出-1.0  -2.0,输出结果用空格分隔
```

当 a、b 与 c 的值都为 4 时，判别式结果小于 0，此时方程有两个用复数表示的虚根，即 $(-0.49999999999999994+0.8660254037844386j)$ 和 $(-0.5-0.8660254037844386j)$。

▶▶ 2.4.2　比较运算

比较运算符用于比较两个值，并确定它们之间的关系，结果是一个逻辑值：True 或 False。

Python 中有 6 种比较运算，包括 2 种一致性比较（==、!=）、4 种次序比较（<、>、<=、>=），如表 2-4 所示。

它们的优先级相同，可以连续使用，例如，x<y<=z 相当于同时满足条件 x<y 和 y<=z。

表 2-4　比较运算符

运算符	描述	实例（设 a=5, b=10）
==	等于：比较 a、b 两个对象是否相等	(a==b) 返回值 False
!=	不等于：比较 a、b 两个对象是否不相等	(a!=b) 返回值 True
>	大于：返回 a 是否大于 b	(a>b) 返回值 False
<	小于：返回 a 是否小于 b	(a<b) 返回值 True
>=	大于或等于：返回 a 是否大于或等于 b	(a>=b) 返回值 False
<=	小于或等于：返回 a 是否小于或等于 b	(a<=b) 返回值 True

▶▶ 2.4.3 布尔运算

Python 支持布尔运算，包括 and（与）、or（或）、not（非）运算。not 优先级最高，or 优先级最低，布尔运算符的优先级低于比较运算符。

在执行布尔运算或当表达式被用于流程控制语句时，以下值会被解析为 False：False、None、所有类型的数字零以及空字符串和空容器（包括字符串、元组、列表、字典、集合与冻结集合）。所有其他值都会被解析为 True。

布尔运算符如表 2-5 所示。

表 2-5　布尔运算符

运算符	表达式	x	y	结果	说明
and	x and y	True	True	True	表达式一边有 False 就会返回 False，当两边都是 True 时返回 True
		True	False	False	
		False	True	False	
		False	False	False	
or	x or y	True	True	True	表达式一边有 True 就会返回 True，当两边都是 False 时返回 False
		True	False	True	
		False	True	True	
		False	False	False	
not	not x	True	/	False	表达式取反，返回值与原值相反
		False	/	True	

▶▶ 2.4.4 成员运算

运算符 in 和 not in 用于成员检测。如果 x 是 s 的成员，则 x in s 的值为 True，否则为 False。x not in s 返回 x in s 取反后的值。所有内置序列和集合类型以及字典都支持成员运算，对于字典来说，in 检测其是否有给定的键。

对于字符串和字节串类型来说，当且仅当 x 是 y 的子串时，x in y 为 True。空字符串总是被视为任何其他字符串的子串，因此""in"abc"将返回 True。成员运算符如表 2-6 所示。

表 2-6　成员运算符

运算符	描述	实例
in	如果对象在某一个序列中存在，则返回 True，否则返回 False	print('I' in ['I','love','Python']) #True
not in	如果对象在某一个序列中不存在，则返回 True，否则返回 False	print('L' not in ['I','love','Python']) #True

2.4.5　身份运算

身份运算符用于比较两个对象的存储单元是否相同。可用 id( )函数获取对象内存地址，两个对象的内存地址如果相同，则为同一个对象，否则是不同对象。身份运算符如表 2-7 所示。

表 2-7　身份运算符

运算符	描述	实例
is	判断两个标识符是否引用自一个对象	x is y，相当于 id(x)==id(y)。如果引用的是同一个对象，则返回 True，否则返回 False
is not	判断两个标识符是否引用自不同对象	x is not y，相当于 id(x)!=id(y)。如果引用的不是同一个对象，则返回 True，否则返回 False

2.4.6　运算优先级

不同运算符的优先级别不同，在设计程序时要注意各运算符的优先级别。程序运行时按优先级从高到低进行运算，优先级相同的运算符按自左到右的顺序进行运算，不同的运算顺序将会导致不同的结果。运算符的优先级（由高到低排列）如表 2-8 所示。

表 2-8　运算符的优先级（由高到低排列）

序号	运算符	描述
1	( )、[ ]、{ }	括号表达式，元组、列表、字典、集合显示
2	x[i]、x[m:n]	索引、切片
3	**	幂运算
4	~	按位翻转
5	+x、-x	正、负
6	*、/、//、%	乘法、除法、整除与取模
7	+、-	加法与减法
8	<<、>>	移位
9	&	按位与
10	^	按位异或
11	|	按位或
12	<、<=、>、>=、!=、==	比较运算符
13	is、is not	身份运算符
14	in、not in	成员运算符
15	not	逻辑非
16	and	逻辑与运算符
17	or	逻辑或运算符
18	:=	赋值表达式、海象运算符

2.5 常用数学运算函数

Python 内置了一系列与数学运算相关的函数，用户可以直接使用这些函数，下面给出几个常用函数的功能描述与示例。

（1）abs(x)：返回 x 的绝对值，x 可以是整数或浮点数，当 x 为复数时返回复数的模。

```
print(abs(-5))          #返回整数绝对值,输出 5
print(abs(-3.14))       #返回实数绝对值,输出 3.14
```

（2）divmod(a,b)：相当于（a//b,a%b），以元组形式返回整数商和余数。

```
print(divmod(20,6))     #以元组形式返回整数商和余数,输出(3,2)
```

（3）pow(x,y[,z])：返回 x 的 y 次幂，当 z 存在时，返回 x 的 y 次幂计算结果再对 z 取模。pow(x,y,z)函数在进行幂运算的同时可以进行模运算，比先计算 x 的 y 次幂，再对 z 取模效率高。

```
print(pow(3,2))         #计算 3², 输出 9
print(pow(3,2,4))       #3 ** 2%4 输出 1
```

（4）round(number[,n])：返回浮点数 number 保留 n 位小数的形式，n 为整型，默认值是 0。当省略参数 n 时，返回最接近输入数字的整数。Python 中采用的末位取舍算法为"四舍六入五考虑，五后非零就进一，五后为零看奇偶，五前为偶应舍去，五前为奇要进一"。

```
print(round(3.1415))        #3,返回最接近输入数字的整数
print(round(-3.1415))       #-3,返回最接近输入数字的整数
print(round(3.8415))        #4,返回最接近输入数字的整数
print(round(3.1250001,2))   #3.13,五后非零就进一
print(round(3.125,2))       #3.12,五前为偶应舍去
print(round(3.115,2))       #3.12,五前为奇要进一
```

绝大多数浮点数无法精确转换为二进制，这会导致部分数字取舍与期望不符。

```
#0.1425 计算机中存储 0.14250000000000002
print(round(3.1425,3))      #期望输出 3.142,实际输出 3.143
print(round(2.675,2))       #期望输出 2.68,实际输出 2.67
```

当 n 超过小数位数时，返回该数的最短表示。Python 将 12.000000 和 12.0 认为是同一个对象，所以输出时会输出其最短表示 12.0。

```
print(round(3.0000,2))        #期望输出 3.00,实际输出这个浮点数的最短表示 3.0
print(round(3.14,4))          #期望输出 3.1400,实际输出 3.14
```

n 值必须是整型数字，当 n 为浮点数时，会触发 TypeError 异常。

```
print(round(1.25,2.0))        #TypeError:'float'object cannot be interpreted as an integer
```

（5）max(arg1,arg2,…)或 max(iterable)：从多个参数或一个可迭代对象中返回其最大值，有多个最大值时返回第一个。

```
print(max(80,100,1000))       #80、100、1000 这 3 个整数对象中 1000 最大
print(max([49,25,88]))        #列表[49,25,88]是可迭代对象,最大值是 88
```

（6）min(arg1,arg2,…)或 min(iterable)：从多个参数或一个可迭代对象中返回其最小值，有多个最小值时返回第一个。

```
print(min(80,100,1000))       #80、100、1000 这 3 个整数对象中 80 最小
print(min([49,25,88]))        #列表[49,25,88]是可迭代对象,最小值是 25
```

2.6　math 模块及其应用

在数学运算中，除了加、减、乘、除运算，还有其他更多的运算，如乘方、开方、对数运算等，要实现这些运算，可以使用 Python 中的 math 模块。

模块（module）是 Python 中非常重要的内容，可提供面向特定领域或方向的程序功能，可以把它理解为 Python 的扩展工具。

Python 安装好之后，内置的、不需要额外安装就可以使用的一些模块称为标准库。没有纳入标准库的模块，需要在 Windows 系统的命令提示符或 Linux、macOS 的终端下使用以下命令安装后再使用。注意以下命令是在操作系统的命令执行环境中执行，不能在 Python 编程环境下执行。

```
pip install 模块名/库名
```

例如，安装 numpy 库使用以下命令：

```
pip install numpy          #numpy 是需要安装的库名
```

Python 中导入库（模块）的方法有两种，下面以导入 math 库，并调用其中的常数 pi 和开平方函数 sqrt( )为例介绍这两种方法。

第一种方法是导入库名，此时，程序可以调用库名中的所有函数，语法表示如下：

```
import<库名>
```

调用库中函数时，需要在函数名前加库名，明确指出函数所在库的名称，格式如下：

```
import math                    #导入 math 模块,引用时函数名前加 math
radius=10
area=math. pi * radius ** 2    #用 math.pi 的值,计算半径为 10 的圆面积
print(math. pi)                #输出 math 模块中的 pi 值 3.141592653589793
print(area)                    #输出圆的面积 314.1592653589793
```

第二种方法是直接导入库中的函数，可以同时导入多个函数，各函数间用逗号分隔，也可以用通配符（＊）导入该库中的全部函数，语法表示如下：

```
#导入库中的多个函数,用逗号分隔
from<库名>import<函数名,函数名,…,函数名>
#导入库中所有函数
from<库名>import *              #* 是通配符,代表全部函数
```

此时，调用该库的函数时不需要指明函数所在库的名称。

```
from math import pi,sqrt       #导入 math 中的常数 pi 和 sqrt()函数
#from math import *            #导人 math 中的所有函数,引用时直接引用函数名
radius=10
area=pi * radius ** 2          #计算半径为 10 的圆面积
print(pi)                      #输出 math 中 pi 值 3.141592653589793
print(area)                    #输出圆的面积 314.1592653589793
```

一般程序较简单时，只导入一个库或所引用的函数仅在一个库中存在时，两种方法都可以使用。当编写的程序较复杂、引用多个库时，可能在多个库中存在同名函数，而这些同名函数的功能可能不同。这时建议使用第一种方法，明确指出所引用的函数来自哪个库，以免出现错误。

math 库中包括 24 个数论与表示函数、8 个幂和对数函数、9 个三角函数、6 个双曲函数、2 个角度转换函数、4 个特殊函数和 5 个常数。这些函数一般都是对 C 语言库中同名函数进行简单封装，仅支持整数和浮点数，不支持复数运算。如果需要复数支持，则可以使用 cmath 模块。

本章仅需掌握常数中的 pi，以及函数中的 fabs( )、factorial( )、fsum( )、gcd( )、lcm( )、sqrt( )。其他函数在需要时通过查阅文档了解其用法即可，下面对部分常用的函数进行简单介绍。

（1）math. fabs(x)：以浮点数形式返回 x 的绝对值。

```
import math
print(math. fabs(-5))          #输出 5.0
```

（2）math. factorial（x）：返回 x 的阶乘，要求 x 为非负整数，x 为负数或浮点数时返回错误提示。Python 早期版本可以接受整数值的浮点数为参数，Python 3.9 版本以后版本则不可接受整数值的浮点数（如 5.0）作为参数。

```
print(math. factorial(5))        #输出 120
```

（3）math. fsum（）：返回浮点数迭代求和的精确值。

```
print(math. fsum([.1,.1,.1,.1,.1,.1,.1,.1,.1,.1]))        #输出 1.0,避免精度损失
```

（4）math. gcd（* integers）：返回给定的整数参数的最大公约数。如果参数之一非 0，则返回值将是能同时整除所有参数的最大正整数。如果所有参数为 0 或无参数，则返回值为 0。在 Python 3.9 版本后增加了对任意数量的参数的支持，Python 3.8 版本或之前版本只支持两个参数。

（5）math. lcm（* integers）：返回给定的整数参数的最小公倍数。如果所有参数均非 0，则返回值将是所有参数的整数倍的最小正整数。如果参数之一为 0，则返回值为 0。不带参数的 lcm（）返回 1。此函数为 Python 3.9 版本新增函数。

```
print(math. gcd(55,44,33))        #输出 11
print(math. gcd(0,0))             #输出 0
print(math. lcm(33,11,3))         #输出 33
print(math. lcm())                #输出 1
```

（6）math. sqrt（x）：返回 x 的平方根，结果为浮点数。

（7）math. prod（iterable，* ，start=1）：计算输入的可迭代对象 iterable 中所有元素的积。积的默认起始值 start 为 1。当可迭代对象为空时，返回起始值。此函数特别针对数字值使用，并会拒绝非数字类型。

```
print(math. prod([1,2,3,4,5]))            #120
print(math. prod([1,2,3,4,5],start=2))    #240
```

（8）math. floor（x）：返回不大于 x 的最大整数。

（9）math. ceil（x）：返回不小于 x 的最小整数。

```
print(math. floor(5. 3))        #5
print(math. ceil(5. 3))         #6
```

（10）math. exp（x）：返回 e（自然常数）的 x 次幂。

（11）math. pow（x,y）：返回 x 的 y 次幂，结果为浮点数，pow（1.0,x）和 pow（x,0.0）总返回 1.0。

（12）math. isqrt（n）：返回非负整数 n 的整数平方根，即对 n 的实际平方根向下取整，

或者相当于使 $a^2 \leq n$ 的最大整数 a。对于某些应用来说，取值为使 $n \leq a^2$ 的最小整数 a 更合适，换句话说就是 n 的实际平方根向上取整。若是向上取整，对于非负整数 n，可以使用 $a=1+isqrt(n-1)$ 来计算。

```
print(math. exp(2))          #输出 e 的平方,7.38905609893065
print(math. pow(3,2))        #输出 3 的 2 次方 9.0
print(math. sqrt(25))        #输出 25 的正数平方根 5.0
print(math. isqrt(10))       #输出 10 的整数平方根 3
print(1+math. isqrt(10-1))   #输出不小于 10 的平方根的最小整数 4
```

（13）math. log2(x)：返回以 2 为底的 x 的对数，其值通常比 log(x,2) 的值更精确。

（14）math. log10(x)：返回以 10 为底的 x 的对数，其值通常比 log(x,10) 的值更精确。

```
print(math. log2(5))         #输出 2.321928094887362
print(math. log10(5))        #输出 0.6989700043360189
```

（15）math. cos(x)：返回 x 的余弦函数，x 为弧度。

（16）math. sin(x)：返回 x 的正弦函数，x 为弧度。

（17）math. hypot(x,y)：返回坐标（x,y）到原点（0,0）的距离。

（18）math. dist(p,q)：返回 p 与 q 两点之间的欧几里得距离，以一个坐标序列或可迭代对象的形式给出，两个点必须具有相同的维度，相当于 sqrt(sum((px-qx) ** 2.0 for px,qx in zip(p,q)))。

```
print(math. cos(math. pi/3))    #输出 0.5000000000000001
print(math. sin(math. pi/3))    #输出 0.8660254037844386
print(math. hypot(3,4))         #输出 5.0
p = [3,3]
q = [6,12]
print (math. dist(p, q))        #输出 9.486832980505138
```

（19）math. degrees(x)：弧度值转换为角度值。

（20）math. radians(x)：角度值转换为弧度值。

```
print(math. degrees(math. pi/4))    #输出 45.0
print(math. radians(90))            #输出 1.5707963267948966
```

（21）math. pi：返回圆周率常数π值。

（22）math. e：返回自然常数 e 值。

```
print(math. pi)    #输出 3.141592653589793
print(math. e)     #输出 2.718281828459045
```

（23）math.comb(n,k)：返回不重复且无顺序地从 n 项中选择 k 项的方式总数。当 k≤n 时，取值为 n!/(k!×(n-k)!)；当 k>n 时，取值为 0。因为它等价于表达式(1+x)＊＊n 的多项式展开中第 k 项的系数，所以也称为二项式系数。

```
print(math. comb(10,2))        #45
```

2.7　字符串

字符串是 Python 中常用的数据类型，属于不可变数据类型。Python 中 input( )函数接收到的数据、读取文本文件获得的数据都是字符串数据类型。

字符串使用一对单引号（''）、双引号（""）或三引号（''''''或""" """）为定界符，用引号包围起来的 0 个或多个字符就称为一个字符串。包含字符的个数称为字符串的长度，当包含 0 个字符时，称为空字符串。使用 len( )可以获取字符串的长度。

```
print(len(''))                  #长度为 0,空字符串
print(len(' '))                 #长度为 1,空格字符串,1 个空格为 1 个字符
print(len('He said,"hello". ')) #长度为 16,空格和标点符号各为 1 个字符
print(len("I'm a student"))     #长度为 13,字符串含单引号时外面用双引号
print(len('Python 程序设计'))    #长度为 10,每个汉字为 1 个字符
```

▶▶ 2.7.1　字符串的创建

1. 将一个或多个字符放在引号中

用单引号创建的字符串中可以包含双引号，用双引号创建的字符串中可以包含单引号。

```
s_string='这是字符串,允许包含"双引号"'
s_string="这是字符串,允许包含'单引号'"
```

用三引号引起来的字符也可以作为字符串来进行处理，其间可以包含单引号、双引号和回车符。例如，下述程序可以把一首宋词以字符串形式赋值给变量 poem，输出时会保留原文中的换行等格式。

```
#三引号用于字符串可以保留原有格式不变
poem='''
静夜思
床前明月光,
疑是地上霜。
```

```
    举头望明月,
    低头思故乡。
    '''
    print(poem)
```

输出:

```
静夜思
床前明月光,
疑是地上霜。
举头望明月,
低头思故乡。
```

三引号也用于 Python 的注释,当三引号作为单独一条语句出现时,按注释处理。当把三引号引起来的内容赋值给变量或作为函数的参数时,按字符串处理。三引号引起来的字符串在输出时可以保持原有格式输出。

2. 用 str( ) 类,返回一个对象的字符串形式

str( ) 的使用方法如下:

```
    print(str(2023)+'年')          #输出 2023 年
```

 ## 2.7.2 索引

对于字符串,其中的每个字符拥有一个序号,可以使用序号取得相应的字符。所谓的索引是指通过字符串的序号返回其对应字符值的操作。

索引的方法如下:

```
字符串名[序号]
```

Python 维护了两套索引:正向索引从 0 开始,终止值为序列长度减 1(元素个数减 1,即 len(s)−1);逆向索引从 −1 开始,终止值为负的序列长度(即 −len(s))。两种序号体系可以同时使用,并且结合两种表示方法可以方便地对字符串进行索引和切片。图 2−1 中给出正向和逆向两种索引编号规则的示例,对字符串而言,英文、中文、空格和各种符号都各占一个字符位。

正向索引	0	1	2	3	4	5	6	7	8	9	10	11	12
字符串	H	e	l	l	o		P	y	t	h	o	n	!
逆向索引	−13	−12	−11	−10	−9	−8	−7	−6	−5	−4	−3	−2	−1

图 2−1　字符串的序号

字符串的元素可以按序号进行正向索引或按序号进行逆向索引,通过序号获取对应元素。

```
s='Hello Python!'
print(s[4])          #按序号正向索引,返回序号为4的字符'o'
print(s[-1])         #按序号逆向索引,返回最后一个字符'!'
```

要注意的是，当使用的索引值超出字符串现有数据的索引时，Python 将会产生"索引超出范围"的错误。例如，用 s[13] 获取字符串 s 中不存在的索引号 13 的数据，会得到"IndexError：string index out of range"的出错提示。

索引号必须为整数，不可为浮点数。

 ### 2.7.3　切片

字符串支持切片操作，切片的方法如下：

```
seq[start:end:step]
```

seq：字符串名。

start：表示切片开始位置的元素序号，是第一个要返回的元素的索引号，正向索引位置默认为 0，逆向索引位置默认为负的序列长度，即-len(seq)切片从第一个元素开始时，start 可以省略。

end：表示切片结束位置的元素序号，正向索引最后一个位置为序列长度减 1，即 len(seq)-1；逆向索引结束位置序号默认为-1；切片到最后一个元素时，end 可以省略。

step：表示取值的步长，默认为 1，步长值可以为负值，但不能为 0。

索引和步长都具有正、负两个值，分别表示左、右两个方向取值。索引的正方向从左往右取值，起始位置为 0；逆向从右往左取值，起始位置为-1。索引范围为-len(seq)到-1 范围内的连续整数。

切片的过程是从第一个要返回的元素开始，到第一个不想返回的元素结束。切片操作会按照给定的索引和步长，截取由序列中的对象组成的新片段，单个索引返回值可以视为只含有一个对象的片段。

在切片 seq[start:end:step]中，包含 seq[start]，不包含 seq[end]。因此，如果想返回包含最后一个元素(len(s)-1)的切片时，结束位置序号 end 应该设为 len(s)或省略结束位置序号，即应该使用切片 seq[start:len(s)]或 seq[start:]。

```
s='Hello Python!'
print(s[6:8])        #根据序号[6:8]切片,输出不包括结束序号的字符'Py'
print(s[:5])         #从起点到序号为5的位置切片,不包括5,'Hello'
print(s[6:])         #从序号6向后到字符串结束切片,输出'Python!'
print(s[-3:-1])      #负向索引,不包含右边界元素,输出'on'
print(s[6:-1])       #混用正负索引,输出'Python'
print(s[::])         #从字符串开始到结束进行切片,输出'Hello Python!'
print(s[::-1])       #按步长为-1进行切片,输出'!nohtyP olleH'
print(s[::2])        #步长为2,输出序号为偶数的元素,输出'HloPto!'
```

▶▶ 2.7.4 拼接与重复

字符串支持拼接与重复的操作。

拼接是通过"+"将两个字符串拼接为一个包含两个字符串中所有元素的新字符串。

重复（s * n）是将一个字符串 s 乘一个整数 n 产生一个新字符串，新字符串是 s 中的元素重复 n 次。当 n 小于或等于 0 时会被当作 0 来处理，此时序列重复 0 次的操作将产生一个空序列。

```
year=2023
s='年'
print('=' * 10)                   #字符串重复 10 次
print( str( year)+s)              #字符串拼接,整数参与拼接要先转换为字符串
print('=' * 10)
```

输出：

```
==========
2023 年
==========
```

【例 2-3】输出身份证信息。

中国的居民身份证号是一个有 18 个字符的字符串，其各位上的字符代表的意义如下。

第 1、2 位数字表示所在省份的代码，例如，吉林省的省份代码是 22。

第 3、4 位数字表示所在城市的代码，例如，吉林市的城市代码是 02。

第 5、6 位数字表示所在区县市（县级市）的代码，例如，永吉县的代码是 21。

第 7~14 位数字表示出生年、月、日。

第 15、16 位数字表示身份证注册地的派出所的代码。

第 17 位数字表示性别，奇数表示男性，偶数表示女性。

第 18 位数字是校检码，用来检验身份证号的正确性。校检码可以是 0~9 中的一个数字，也可以是字母 X。

输入一个身份证号，输出其出生年月日。（注：本书测试所用身份证号是用程序模拟生成的虚拟号码。）

用字符串切片的方法获取身份证号码中代表出生年月日的子串，用"+"连接后输出。

```
#身份证中提取出生日期,涉及字符串长度、切片、拼接等知识点
id_number=input()
year=id_number[6:10]            #获取字符串中序号为 6、7、8、9 的字符串,年份
month=id_number[10:12]          #获取字符串中序号为 10、11 的字符串,月份
day=id_number[12:14]            #获取字符串中序号为 12、13 的字符串,日期
print('出生于'+year+'年'+month+'月'+day+'日')    #字符串拼接
print(f'出生于{year}年{month}月{day}日')          #使用 f-string 方法输出
```

输入：

> 110111202301011121

输出：

> 出生于 2023 年 01 月 01 日

通过字符串切片，用 id_number[6:10]、id_number[10:12]、id_number[12:14]分别获取出生年份、月份和日期。在切片时，切分出来的子字符串包括左边界，但不包括右边界。语句 print('出生于'+year+'年'+month+'月'+day+'日')的括号中，采用 6 个 "+" 将 4 个字符串和 3 个字符串变量拼接成一个新的字符串并输出。这里也可以用 "f" 前缀格式化字符串输出，这种方法不限制变量类型，使用更为方便。

►► 2.7.5　成员测试

Python 提供了 "in" 和 "not in" 运算符，用于测试某对象是否为字符串的子串，返回布尔值（True 或 False）。应用 "in" 测试时，如果该对象在指定的字符串中存在，则返回 True，否则返回 False。应用 "not in" 测试时，正好相反，如果该对象在指定字符串中不存在，则返回 True，否则返回 False。

```
sub='love'
str='I love Python!'
print(sub in str)          #输出 True
```

成员测试一般用于条件判断，根据测试结果决定执行后续程序中的某个分支。

【例 2-4】判定座位位置。

用户输入一个字母作为位置，根据字母判断位置是在窗口、中间还是过道。目前中国高铁和国内飞机表示窗口位置的字母是 "A" 和 "F"，表示过道位置的字母是 "C" 和 "D"，表示中间位置的字母是 "B"。输入时不区分字母大小写，根据输入判定座位的位置，当输入的数据不合法时，输出 "你输入的位置不存在！"。

```
position=input('请输入位置号码:')        #输入座位位置
if position in 'afAF':                   #判定窗口位置
    print('窗口')
elif position in 'cdCD':                 #判定过道位置
    print('过道')
elif position in 'bB':                   #判定中间位置
    print('中间')
else:
    print('你输入的位置不存在!')         #提示输入数据不合法
```

输入：

> F

输出：

窗口

输入：

C

输出：

过道

输入：

B

输出：

中间

▶▶▶ 2.7.6　字符串常量

Python 内置了一些字符串常量，当需要构建表 2-9 中字符集时，可以使用与之相对应的字符串常量，如 string. digits 代表'0123456789'，可用于测试一个字符是不是属于'0123456789'这个字符集。

在使用字符串常量时，需先执行 import string，常用的字符串常量如表 2-9 所示。

表 2-9　常用的字符串常量

字符串常量	字符集
string. ascii_letters	'abcdefghijklmnopqrstuvwxyzABCDEFGHIJKLMNOPQRSTUVWXYZ'
string. ascii_lowercase	'abcdefghijklmnopqrstuvwxyz'
string. ascii_uppercase	'ABCDEFGHIJKLMNOPQRSTUVWXYZ'
string. digits	'0123456789'
string. hexdigits	'0123456789abcdefABCDEF'
string. octdigits	'01234567'.
string. punctuation	'!"＃＄％＆\'()＊+, -./:; <=>? @[\\]^_`{|}~'
string. printable	'0123456789abcdefghijklmnopqrstuvwxyzABCDEFGHIJKLMNOPQRSTUVWXYZ!"＃＄％＆\'()＊+,-./:;<=>? @[\\]^_`{|}~ \t\n\r\x0b\x0c'
string. whitespace	'\t\n\r\x0b\x0c'

【例 2-5】分类统计字符个数。

输入一个字符串，以回车符结束，统计字符串里面的英文字母、数字和其他字符的个数

（回车符代表结束输入，不计入统计）。

```
import string
my_string=input()
letter,digit,other=0,0,0                    #用于计数的3个变量均设初值为0
for c in my_string:                          #遍历,c依次取值为字符串中的字符
    if c in string. ascii_letters:           #若当前字符在字母常量中存在,则c是字母
        letter=letter+1                      #字母计数加1个
    elif c in string. digits:                #若当前字符在数字常量中存在,则c是数字
        digit=digit+1                        #数字计数加1个
    else:
        other=other+1                        #否则其他字符计数加1个
print(f"letter={letter},digit={digit},other={other}")
```

输入：

```
I love Python!
```

输出：

```
letter=11,digit=0,other=3
```

程序中 string. digits 可直接用'0123456789'代替，string. ascii_letters 可直接用'abcdefghijklmnopqrstuvwxyzABCDEFGHIJKLMNOPQRSTUVWXYZ'代替，结果相同。

►► 2.7.7　转义字符

Python 中有很多转义字符，表2-10列出了一些常用的转义字符。

表2-10　常用转义字符

转义字符	描述
\n	换行符，用于行末，表示输出到当前位置本行结束，后面字符在新的一行输出
\r	回车符，macOS 下表示将光标移至当前行的开头
\t	水平制表符，功能与键盘上〈Tab〉键相同，光标水平移动若干个字符，一般为3个字符（也有解释为4或6个字符）
\（在行尾时）	续行符，为避免一行太长，排版时在前一行末尾加"\"，将下一行内容接在前行末尾
\\	反斜杠符号，用于在字符串中输出一个反斜杠"\"
\'	单引号，用于在字符串中输出一个单引号
\"	双引号，用于在字符串中输出一个双引号
\b	退格（Backspace）符，使光标回退一格，清除前面一个字符

反斜杠（\）是一个特殊字符，在字符串中表示转义，该字符与后面相邻的一个字符

共同表示一个特定的含义。在格式化输出字符串时，可以用转义字符实现一些特殊的格式控制。

print('\t 静夜思\n\t 李白\n 床前明月光，疑是地上霜。\n 举头望明月，低头思故乡。\n')

输出：

静夜思
李白
床前明月光，疑是地上霜。
举头望明月，低头思故乡。

▶▶▶ 2.7.8 常用字符串处理方法

Python 内置的字符串处理方法非常多，这里只介绍一些常用字符串处理方法，如表 2-11 所示。

表 2-11 常用字符串处理方法

方法	描述
str. upper( )/str. lower( )	将字符串 str 中所有字母转换为大写/小写字母
str. strip( )	用于移除字符串开头、结尾指定的字符（参数省略时去掉空白字符，包括\t、\n、\r、\x0b、\x0c 等）
str. join(iterable)	以字符串 str 作为分隔符，将可迭代对象 iterable 中的字符串元素拼接为一个新的字符串。当 iterable 中存在非字符串元素时，返回一个 TypeError 异常
str. split(sep＝None，maxsplit＝-1)	根据分隔符 sep 将字符串 str 切分成列表，sep 参数省略时根据空格切分，可指定逗号或制表符等为分隔符。maxsplit 值存在且非-1 时，最多切分 maxsplit 次
str. count(sub[,start[,end]])	返回 sub 在字符串 str 中出现的次数，如果指定 start 或者 end，则返回指定范围内 sub 出现的次数
str. find(sub[,start[,end]])	检测 sub 是否包含在字符串 str 中，如果是，则返回开始的索引值，否则返回-1。如果 start 和 end 指定了范围，则检查 sub 是否包含在指定范围内
str. replace(old,new[,count])	把字符串 str 中的 old 替换成 new，如果指定 count，则替换不超过 count 次，否则有多个 old 子串时全部替换为 new
str. index(sub[,start[,end]])	与 find( )方法一样，返回子串存在的起始位置，如果 sub 在字符串 str 中不存在，则抛出一个异常
for<var>in<string>	对字符串 string 进行遍历，依次将字符串 string 中的字符赋值给前面的变量 var

str. upper( )和 str. lower( )分别用于将字符串 str 中所有字母转换成大写字母和小写字母，如使用 input( )、upper( )可以将用户输入的字符串中的小写字母都转换成大写字母。例如，

网页上经常可以看到输入验证码时是不区分大小写的，其后台的程序一般会将用户的输入和图片中的字符都统一转换成大写字母（或统一转换成小写字母），然后一一比较是否一致。

rstrip()函数用于移除字符串结尾指定的字符，strip()函数用于移除字符串开头和结尾指定的字符，例如：

```
s='0089840'
print(s)              #原字符串 0089840
s1=s. rstrip('0')     #移除结尾的 0
print(s1)             #008984
s2=s. strip('0')      #去除字符串首尾 0
print(s2)             #8984
```

2.8 random 模块及其应用

随机数在统计、密码学等领域有非常广泛的应用。真正的随机数是使用物理方法产生的，如掷钱币、骰子、转轮、使用电子元器件产生的噪声等，这样的随机数发生器叫作物理性随机数发生器，它们的缺点是技术要求比较高。

在计算机中，随机数字一般是一个由稳定算法所得出的稳定结果序列，不是真正意义上的随机数，一般称为伪随机数。Python 中使用 random 模块产生各种分布的伪随机数。"种子"是这个算法开始计算的第一个值，如果随机数种子一样，那么后续所有"随机"结果和顺序也都是完全一致的。当Python不设置随机数种子时，解释器会使用系统时间作为种子，使每次生成的随机数不同。当希望得到的随机数据可预测时，可以设置使用相同的种子，使后续产生的随机数相同。

Python 中 random 是一个内置库，使用随机数函数时，直接导入 random 模块即可，方法如下：

```
import random
```

random 模块包含了一系列函数，可提供多种形式的随机数序列，如表 2-12 所示。

表 2-12 random 模块主要函数

函数	描述与示例
random. seed(a=None,version=2)	初始化随机数生成器，如果参数 a 被省略或为 None，则用系统时间作为种子。seed 必须是下列类型之一：NoneType、int、float、string、bytes 或 bytearray random. seed(20)#用整数 20 作为种子
random. randint(a,b)	产生 [a,b] 中（包括 b）的一个随机整数 print(random. randint(1,10))
random. random( )	产生 [0.0,1.0) 的一个随机浮点数 print(random. random( ))

续表

函数	描述与示例
random. uniform（a,b）	产生［a,b）中的一个随机浮点数 print(random. uniform(5.5,10.0))
random. randrange(stop) random. randrange(start,stop[,step])	从［0,stop）(不含 stop) 中随机产生一个整数 从［start,stop），步长为 step 的序列中随机产生一个整数 print(random. randrange(10)) print(random. randrange(0,10,2))
random. choice(seq)	从非空序列 seq 中随机产生一个元素，当序列为空时，触发索引异常 print(random. choice(['win','lose','draw']))

【例 2-6】随机打印 10 个 ［10,50］ 中的偶数。

```
import random
for i in range(10):
    print(random. randrange(10,51,2),end=' ')        #随机输出 10~50 之间的偶数
```

2.9　本章小结

本章主要介绍了数值类型的概念、数值类型转换、数学运算、常用数学运算函数、math 模块及其应用、字符串和 random 模块及其应用，主要内容如下。

（1）整数是不含小数点的数字，包括 0、正整数和负整数以及分别由 ob、0o、0x 引导的二进制、八进制和十六进制整数。整数大小没有限制，可精确表示任意大的数。

（2）浮点数由整数部分与小数部分组成，其整数和小数部分都可以没有值，但必须要有小数点。用科学记数法表示时，指数部分必须为整数。

（3）int( )函数将浮点数或整数类型字符串转换为一个整数。float( )将整数或浮点数类型字符串转换为一个浮点数。eval( )将数值型的字符串对象或表达式转换为可计算对象。

（4）Python 内置数值运算操作符：+、-、*、/、//、% 和 **，分别对应加、减、乘、除、整除、取模和幂运算。幂运算的优先级最高，计算时可用括号改变计算顺序。

（5）Python 内置了一系列与数字运算相关的函数，用户可以直接使用这些函数。math 库中提供了更丰富的数学相关函数，可以用"import math"将 math 库导入后调用其中的函数。

（6）字符串是用一对引号引起来的 0 个或多个字符。

（7）索引用整数序号返回字符串序列的一个元素，切片可用于返回字符串序列中的部分元素。

（8）字符串常用处理方法。

（9）random 库可用于获取随机数。

📖 2.10 练习题

1. 编程实现：输入一个数字作为圆的半径，计算并输出这个圆的面积，圆周率值取3.14，输出保留小数点后 2 位数字。

2. 编程实现：输入两个数字 a 和 b，计算并输出这两个数的和、差、积、商。

3. 编写程序计算底面半径为 5 cm、高为 10 cm 的圆柱体的表面积和体积，圆周率值取3.14，体积单位为 cm^3，输出保留小数点后 2 位数字。

4. 编程实现：输入用逗号分隔的 3 个数字，输出其中数值最大的一个。

5. 编程实现：输入用逗号分隔的多个数字，输出其中数值最小的一个的绝对值。

6. 编程实现：在同一行中输入用逗号分隔的两个正整数 a 和 b，以元组形式输出 a 除以 b 的商和余数。

7. 编程实现：在两行中分别输入一个正整数 M、N，在一行中依次输出 M 和 N 的最大公约数和最小公倍数，两数字间以 1 个空格分隔。

8. 根据下面公式计算并输出 x 的值，a 和 b 的值由用户在两行中输入，括号里的数字是角度值，要求圆周率的值使用数学常数 math.pi，三角函数的值用 math 库中对应的函数进行计算。请编程计算并输出表达式的值。

$$x = \frac{-b + \sqrt{2a\sin(60)\cos(60)}}{2a}$$

9. 18 位身份证号第 7~10 位为出生年份（4 位数），第 11~12 位为出生月份，第 13~14位代表出生日期，第 17 位代表性别，奇数为男，偶数为女。编程实现：用户输入一个合法的身份证号，输出用户的出生年月日和性别。

第 3 章　Python 程序的控制结构

Python 程序是由语句构成的，语句是程序运行时将要执行的命令，用于完成具体的数据处理功能或控制程序的执行流程。一条语句能完成的任务是有限的，为了完成一项复杂的任务，往往需要执行多条语句，这些语句必须按照某种规定的顺序，形成执行流程，逐步完成整个任务。按照执行流程，Python 程序的控制结构可分为顺序结构、分支（选择）结构和循环结构。程序运行时经常会出现一些错误，从而导致一些非预期的结果或终止程序运行，这就是异常。本章将重点介绍 Python 程序的 3 种控制结构以及异常处理机制。

本章要点

➤ 顺序结构：代码自上而下顺序执行

➤ 分支结构：使用 if 语句进行条件判断

➤ 循环结构：使用 for 和 while 循环

➤ Python 程序的异常处理

3.1　顺序结构

顺序结构是一种简单的算法结构，就是按照从头到尾的顺序依次执行程序中每一条语句，不重复、不跳过任何一条语句。也就是说，语句都是按出现的位置一句一句顺序执行的，且每条语句都会且仅会执行一次。图 3-1 是顺序结构流程图，按照先后顺序先执行 A 语句，再执行 B 语句，程序只有一个入口和一个出口。

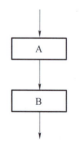

图 3-1　顺序结构流程图

【例 3-1】通过键盘输入圆的半径，计算并输出圆的周长和面积。

```
'''例 3-1 参考代码'''
r=eval(input("请输入圆的半径:"))
PI=3.14
C=2*PI*r
S=PI*r*r
print("周长=",C)
print("面积=",S)
```

运行结果:

```
请输入圆的半径:1
周长=6.28
面积=3.14
```

```
>>>
==================RESTART:E:\Python\例 3-1.py
请输入圆的半径:2
周长=12.56
面积=12.56
```

【例 3-2】 计算一元二次方程 $2x^2+5x+1=0$ 的根。

```
'''例 3-2 参考代码'''
import math
a=2
b=5
c=1
d=b*b-4*a*c
x1=(-b+math.sqrt(d))/(2*a)
x2=(-b-math.sqrt(d))/(2*a)
print("x1=%.6f"% x1)
print("x2=%.6f"% x2)
```

运行结果:

```
x1=-0.219224
x2=-2.280776
```

3.2　赋值语句

赋值语句是顺序结构中常见的语句形式,用于给某个对象赋值。Python 中赋值语句有多种形式,如普通赋值、增量赋值、链式赋值和多重赋值,本节对多重赋值进行探讨。

例如：

```
name,age='Niuyun',18
```

表示将'Niuyun'赋给变量 name，18 赋给变量 age。多重赋值的基本形式如下：

```
变量 1,变量 2,…,变量 n=表达式 1,表达式 2,…,表达式 n
```

多重赋值的本质是元组打包（tuple packing）和序列解包（sequence unpacking）。例如，对于"name,age='Niuyun',18"，实际由以下代码实现：

```
>>>name,age='Niuyun',18
>>>temp='Niuyun',18
>>>temp
('Niuyun', 18)
>>>name,age=temp
>>>name
'Niuyun'
>>>age
18
```

利用"temp='Niuyun',18"创建元组的过程即为元组打包，"name,age=temp"则是序列解包。将元组序列 temp 中的元素'Niuyun'和 18 分别指派给变量 name 和 age，这就是"name,age='Niuyun',18"的赋值本质，因此多重赋值也常被称为序列解包。多重赋值可以用一行语句实现两个变量的交换。

```
>>>x=3
>>>y=5
>>>x,y=y,x
>>>x
5
>>>y
3
```

3.3 分支结构

分支结构又称选择结构，在程序中，根据条件选择执行相应的语句，即程序中的语句是否被执行取决于条件，若条件成立，则执行相应的语句，否则不执行。Python 中的分支结构包括单分支结构、双分支结构和多分支结构。

3.3.1 单分支结构：if 语句

单分支结构指只有一个分支，满足判断条件则执行相应的语句。现实生活中"如果天下雨就打伞"对应的就是单分支结构。if 语句用来实现单分支结构，其语法格式如下：

```
if 表达式：
    语句块
```

其中，"表达式"是一个条件表达式，可以是一个简单的数字或字符，也可以是包含多个运算符的复杂表达式。如果"表达式"的值为 True，则执行"表达式"后面的"语句块"，然后执行 if 结构后面的语句；否则绕过"语句块"，直接执行 if 结构后面的语句。if 分支结构流程图如图 3-2 所示。

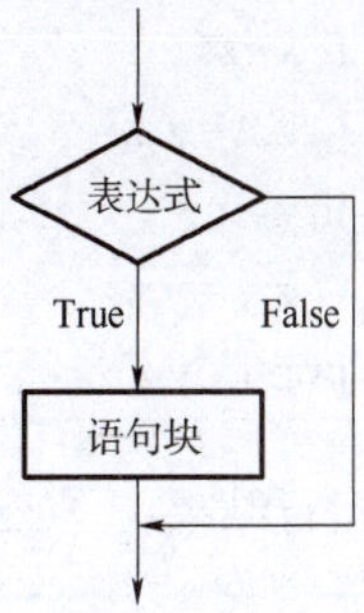

注意：

（1）"表达式"的两边没有圆括号，后面的冒号是 if 语句的组成部分，不能省略。

（2）"语句块"相对于 if 关键字必须向右缩进 4 个空格，并且"语句块"中的每条语句必须向右缩进相同的空格。

图 3-2　if 分支结构流程图

（3）Python 中的缩进是强制性的，通过缩进，Python 能够识别出语句是否属于 if 结构。

【例 3-3】通过键盘输入任意两个整数 a 和 b，比较 a 和 b 的大小，并输出 a 和 b，其中 a 为输入的两个整数中的较大者。

```
'''例 3-3 参考代码'''
a=int(input("请输入整数 a:"))
b=int(input("请输入整数 b:"))
print("输入值:a={},b={}". format(a,b))
if a<b:
    a,b=b,a
print("比较后值:a={},b={}". format(a,b))
```

运行结果：

```
请输入整数 a:5
请输入整数 b:8
输入值:a=5,b=8
比较后值:a=8,b=5
>>>
==================RESTART:E:\Python\例 3-3. py
请输入整数 a:8
请输入整数 b:5
输入值:a=8,b=5
比较后值:a=8,b=5
```

注意：在 Python 中，可以直接使用语句"a,b=b,a"交换两个变量的值，而其他高级语言中必须引入中间变量完成交换工作，即"t=a,a=b,b=t"，这正是 Python 的精妙之处。

【例 3-4】通过键盘输入 3 个整数 x、y、z，按升序进行排列。

```
'''例 3-4 参考代码'''
x,y,z=eval(input('输入整数 x,y,z='))
```

```
print('%d,%d,%d 的升序排列结果:'%(x,y,z))
if x>y:
    y,x=x,y
if x>z:
    z,x=x,z
if y>z:
    z,y=y,z
print(x,y,z)
```

运行结果：

```
输入整数 x,y,z=3,4,5
3,4,5 的升序排列结果:
3 4 5
>>>
==================RESTART:E:\Python\例 3-4. py
输入整数 x,y,z=5,4,3
5,4,3 的升序排列结果:
3 4 5
```

3.3.2 双分支结构：if-else 语句

在程序设计中，比单分支结构应用更为普遍的分支结构是双分支结构。Python 中使用关键字 else，若条件成立则需要执行某些操作，否则执行另外一些操作。例如，身份验证时，若密码正确则可以登录系统，密码错误则要重新输入，对应的就是双分支结构。if-else 语句用来实现双分支结构，其语法格式如下：

```
if 表达式：
    语句块 1
else:
    语句块 2
```

if-else 语句的执行顺序：首先计算"表达式"的值，若结果为 True，则执行"语句块1"，然后执行 if-else 结构后面的语句；若"表达式"的值为 False，则执行"语句块 2"，然后执行 if-else 结构后面的语句。if-else 结构流程图如图 3-3 所示。

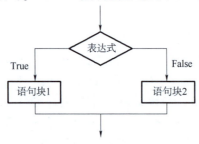

图 3-3 if-else 结构流程图

【例3-5】通过键盘输入一个字符，判断其是不是数字字符，如果是数字字符，则输出"It is a number."，否则输出"It is not a number."。

```
'''例 3-5 参考代码'''
ch=input("请从键盘输入一个字符:")
if ch>='0'and ch<='9':
    print("It is a number. ")
else:
    print("It is not a number. ")
```

运行结果：

```
请从键盘输入一个字符:5
It is a number.
>>>
===================RESTART:E:\Python\例 3-5.py
请从键盘输入一个字符:f
It is not a number.
```

【例3-6】求一个圆的面积：用户通过键盘输入圆的半径，如果这个输入值大于0，则求这个圆的面积；否则，提示用户输入错误。

```
'''例 3-6 参考代码'''
import math
radius=eval(input("请输入圆的半径:"))
if radius<=0:
    message="输入错误!"
else:
    area=math. pi * radius ** 2
    message="半径为"+str(radius)+"的圆的面积是"+str(area)
print(message)
```

运行结果：

```
=========================RESTART:E:\Python\例 3-6. py
请输入圆的半径:2
半径为 2 的圆的面积是 12. 566370614359172
>>>
=========================RESTART:E:\Python\例 3-6. py
请输入圆的半径:-2
输入错误!
```

▶▶ 3.3.3　多分支结构：if-elif-else 语句

在很多情况下，供用户选择的操作有多种，例如，根据空气质量指数判断天气状况并提供生活建议等。if-elif-else 语句用来实现多分支结构，其语法格式如下：

```
if 表达式 1:
    语句块 1
elif 表达式 2:
    语句块 2
elif 表达式 3:
    语句块 3
……
else:
    语句块 n
```

if-elif-else 语句的执行顺序：依次计算各表达式的值，如果"表达式 1"的值为 True，则执行"语句块 1"，然后结束整个 if-elif-else 语句；否则，如果"表达式 2"的值为 True，则执行"语句块 2"，结束整个 if-elif-else 语句；否则，如果"表达式 3"的值为 True，则执行"语句块 3"，结束整个 if-elif-else 语句；以此类推，如果前面所有表达式的值都为 False，就执行与 else 对应的"语句块 n"，结束整个 if-elif-else 语句。if-elif-else 结构流程图如图 3-4 所示。

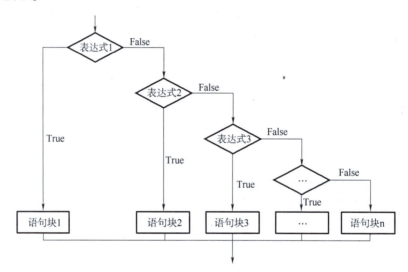

图 3-4　if-elif-else 结构流程图

【例 3-7】编程实现：将百分制成绩转换为五分制成绩。转换规则：成绩大于或等于 90 分为 A，小于 90 分且大于或等于 80 分为 B，小于 80 分且大于或等于 70 分为 C，小于 70 分且大于或等于 60 分为 D；小于 60 分为 E。

```
'''例 3-7 参考代码'''
score=eval(input("请输入百分制成绩（0～100）:"))
if score>=90:
    grade='A'
elif score>=80:
```

```
        grade='B'
elif score>=70:
        grade='C'
elif score>=60:
        grade='D'
else:
        grade='E'
print("{}的五分制成绩为：{}。". format(score,grade))
```

运行结果：

```
====================RESTART:E:\Python\例3-7. py
请输入百分制成绩(0~100):95
95 的五分制成绩为:A。
>>>
====================RESTART:E:\Python\例3-7. py
请输入百分制成绩(0~100):75
75 的五分制成绩为:C。
>>>
====================RESTART:E:\Python\例3-7. py
请输入百分制成绩(0~100):55
55 的五分制成绩为:E。
```

【例3-8】通过键盘输入用户的用电量，计算阶梯电价。阶梯电价是按照用户消费的电量分段定价，用电价格随用电量增加呈阶梯状逐级递增的一种电价定价机制。具体规则：当每月用电量小于或等于 260 千瓦时时为第一档，电价是 0.68 元/千瓦时；当每月用电量大于 260 千瓦时且小于或等于 600 千瓦时时为第二档，260 千瓦时以内的按照第一档收费，剩余的电量按照 0.73 元/千瓦时收费；当每月用电量大于 600 千瓦时时，先分别按照第一档和第二档收费，剩余电量按照 0.98 元/千瓦时收费。

```
'''例3-8参考代码'''
x=float(input("请输入每月用电量:"))
if x<=260:
    y=0. 68 * x
elif x<=600:
    y=0. 68 * 260+(x-260) * 0. 73
else:
    y=0. 68 * 260+(600-260) * 0. 73+(x-600) * 0. 98
print("本月电费为"+str(y)+"元")
```

运行结果：

```
=================RESTART:E:\Python\例 3-8. py
请输入每月用电量:200
本月电费为 136. 0 元
>>>
=================RESTART:E:\Python\例 3-8. py
请输入每月用电量:400
本月电费为 279. 0 元
>>>
=================RESTART:E:\Python\例 3-8. py
请输入每月用电量:700
本月电费为 523. 0 元
```

▶▶▶ **3. 3. 4 分支结构的嵌套**

分支结构的嵌套是指分支中还存在分支的情况，即 if 语句中还包含 if 语句。在 Python 中，if 与 else 的匹配是通过严格的对齐与缩进来实现的。

一种常见的分支嵌套形式是在 if 语句中嵌套 if-else 语句，其语法格式如下：

```
if 表达式 1:
    if 表达式 2:
        语句块 1
    else:
        语句块 2
```

另一种常见的分支嵌套形式是在 if-else 语句中嵌套 if-else 语句，其语法格式如下：

```
if 表达式 1:
    if 表达式 2:
        语句块 1
    else:
        语句块 2
else:
    if 表达式 3:
        语句块 3
    else:
        语句块 4
```

从语法角度讲，分支结构可以有多种嵌套形式，用户可以根据需要选择合适的嵌套结构，但一定要注意控制不同级别代码块的缩进量以及代码块的所属关系。

【例 3-9】通过键盘输入 x 的值，利用以下分段函数求值。

$$f(x) = \begin{cases} x, & x \leq 1 \\ 2x-1, & 1 < x < 10 \\ 3x-11, & x \geq 10 \end{cases}$$

```
'''例 3-9 参考代码'''
x=float(input("请输入 x 的值:"))
if x<=1:
    y=x
else:
    if x<10:
        y=2*x-1
    else:
        y=3*x-11
print("x="+str(x)+",f(x)="+str(y))
```

运行结果:

```
==================RESTART:E:\Python\例 3-9. py
请输入 x 的值:0.5
x=0.5,f(x)=0.5
>>>
==================RESTART:E:\Python\例 3-9. py
请输入 x 的值:5
x=5.0,f(x)=9.0
>>>
==================RESTART:E:\Python\例 3-9. py
请输入 x 的值:15
x=15.0,f(x)=34.0
```

当然，例 3-9 也可以不使用嵌套语句实现，而使用多分支结构实现。

```
'''例 3-9 多分支结构实现参考代码'''
x=float(input("请输入 x 的值:"))
if x<=1:
    y=x
elif x<10:
    y=2*x-1
else:
    y=3*x-11
print("x="+str(x)+",f(x)="+str(y))
```

3.4 循环结构

循环就是一组重复执行的语句，是解决许多问题的基本控制结构。Python 提供了两种类型的循环：for 循环和 while 循环。for 循环又称遍历循环，是一种计数器控制循环，可根据计数器的计数来控制循环的次数；while 循环又称条件循环，可根据条件的真假来控制循环的次数。

▶▶ 3.4.1 遍历循环：for 语句

for 语句用一个循环控制器（Python 中称为迭代器）来描述其语句块的重复执行方式，它的基本语法格式如下：

```
for 变量 in 迭代器:
    语句块
```

其中，for 和 in 都是关键字。语句中包含了 3 个部分，其中最重要的就是迭代器。由关键字 for 开始的行称为循环的头部，语句块称为循环体。与 if 结构中的语句块情况类似，这里语句块中的语句也是下一层的成分，同样需要缩进，且语句块中各个语句的缩进量必须相同。

Python 中的 for 循环可以遍历任何序列对象，如一个列表或者一个字符串，执行流程如图 3-5 所示。

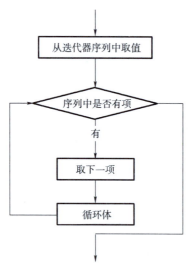

图 3-5　for 语句的执行流程

注意：

（1）冒号是 for 语句的组成部分。

（2）语句块即循环体，由一条或多条语句构成，且必须相对于 for 关键字向右缩进 4 个空格。

（3）迭代器中保存着一组元素，元素的个数决定了循环重复的次数。

（4）for 循环依次从迭代器中取出元素，赋给变量，变量每取一个元素，就执行一次循环体。

1. 字符串、列表、元组、字典、集合作为迭代器

for 循环语句通常用于遍历字符串、列表、元组、字典、集合等序列类型，从而逐个获取序列中的元素。

【例3-10】通过键盘输入字符串，统计其中大写字母、小写字母和数字各有多少个。

```
'''例3-10 参考代码'''
str=input("请输入一句英文:")
count_upper=0
count_lower=0
count_digit=0
for s in str:
    if s.isupper():
        count_upper=count_upper+1
    if s.islower():
        count_lower=count_lower+1
    if s.isdigit():
        count_digit=count_digit+1
print("大写字符:",count_upper)
print("小写字符:",count_lower)
print("数字字符:",count_digit)
```

运行结果：

```
请输入一句英文:My mame is Rose. I am 20 years old.
大写字符:3
小写字符:20
数字字符:2
```

2. range( ) 函数生成迭代序列

range( )是 Python 中的一个内置函数，调用这个函数就能产生一个迭代序列，其语法格式如下：

```
range(start,stop,step)
```

注意：

（1）start、stop、step 均为整数。

（2）range(start)得到的迭代序列为 0,1,2,…,start-1。例如，range(100)表示序列 0,1,2,…,99，当 start<=0 时序列为空。

（3）range（start，stop）得到的迭代序列为 start，start＋1，start＋2，…，stop－1。例如，range（10,15）表示序列10，11，12，13，14。当 start＞＝stop 时序列为空。

（4）range（start，stop，step）得到的迭代序列为 start，start＋step，start＋2step，start＋3step，…，按步长值 step 递增，如果 step 为负则递减，直至最接近 stop 但不包括 stop 的那个值为止。

（5）如果 step＝0，则会导致 ValueError 异常。

【例3-11】利用 for 循环求 1~100 中所有整数的和。

```
'''例 3-11 参考代码'''
sum=0
for i in range(1,101):
    sum=sum+i
print("sum=",sum)
```

运行结果：

```
=================RESTART:E:\Python\例 3-11. py
sum=5050
```

【例3-12】利用 for 循环分别求 1~100 中所有奇数和偶数的和。

```
'''例 3-12 参考代码'''
sum_odd=0
sum_even=0
for i in range(1,101):
    if i%2==1:
        sum_odd=sum_odd+i
    else:
        sum_even=sum_even+i
print("1~100 中所有的奇数和:",sum_odd)
print("1~100 中所有的偶数和:",sum_even)
```

运行结果：

```
=================RESTART:E:\Python\例 3-12. py
1~100 中所有的奇数和:2500
1~100 中所有的偶数和:2550
```

【例3-13】通过键盘输入一个正整数 n，利用 for 循环输出 n 的所有约数。例如，输入6，输出 1、2、3、6。

```
'''例 3-13 参考代码'''
n=int(input("请输入一个正整数:"))
for i in range(1,n+1):
    if n%i==0:
        print(i,end=' ')
```

运行结果：

```
===================RESTART:E:\Python\例 3-13.py
请输入一个正整数:6
1 2 3 6
>>>
===================RESTART:E:\Python\例 3-13.py
请输入一个正整数:28
1 2 4 7 14 28
```

3.4.2 条件循环：while 语句

在 for 语句中，关注的是迭代器生成的遍历空间，然而有的时候循环的初值和终值并不明确，但有清晰的循环条件，这时采用 while 循环语句更为方便。while 循环语句中，用一个表示逻辑条件的表达式来控制循环，当条件成立的时候反复执行循环体，直到条件不成立的时候循环结束。while 循环语句的执行流程如图 3-6 所示。

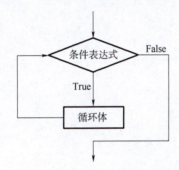

图 3-6 while 循环语句的执行流程

while 语句的语法格式如下：

```
while 条件表达式:
    语句块
```

注意：

（1）while 语句条件表达式的两边没有圆括号，后面的冒号是 while 语句的组成部分，不可省略。

（2）while 语句结构中的语句块即循环体由一条或多条语句构成，且必须相对于 while 关键字向右缩进 4 个空格。

（3）while 语句结构中的语句块执行一次称为一个循环周期，在每个循环周期前都要进行条件检测。如果一开始条件检测的结果就是 False，则循环体一次都不执行。

【例 3-14】利用 while 循环语句求 1~100 中所有整数的和。

```
'''例 3-14 参考代码'''
sum=0
i=1
```

```
while i<=100:
    sum=sum+i
    i=i+1
print("sum=",sum)
```

运行结果：

```
=================RESTART:E:\Python\例 3-14. py
sum=5050
```

【例 3-15】编程实现一个简单的猜数字游戏，在程序中设定一个 1~100 的整数，让玩游戏的人猜。如果猜中了，则输出"恭喜你猜对了!"；如果没有猜中，则输出"你猜的数太大了! 请继续……"或"你猜的数太小了! 请继续……"。

```
'''例 3-15 参考代码'''
number=int(input("请输入神秘数字:"))
print("猜数字游戏,请输入 1~100 的数:")
guess=-1
while guess!=number:
    guess=int(input("请输入您猜的数:"))
    if guess==number:
        print("恭喜你猜对了!")
    elif guess>number:
        print("你猜的数太大了! 请继续……")
    else:
        print("你猜的数太小了! 请继续……")
```

运行结果：

```
=================RESTART:E:\Python\例 3-15. py
请输入神秘数字:50
猜数字游戏,请输入 1~100 的数:
请输入您猜的数:20
你猜的数太小了!请继续……
请输入您猜的数:80
你猜的数太大了!请继续……
请输入您猜的数:40
你猜的数太小了!请继续……
请输入您猜的数:60
你猜的数太大了!请继续……
请输入您猜的数:50
恭喜你猜对了!
```

【例3-16】通过键盘输入两个正整数，求这两个数的最大公约数和最小公倍数。

```
'''例 3-16 参考代码'''
x=int(input("请输入第一个数:"))
y=int(input("请输入第二个数:"))
z=x*y
if x<y:
    x,y=y,x
while x%y!=0:
    r=x%y
    x=y
    y=r
print("最大公约数=",y)
print("最小公倍数=",z//y)
```

运行结果：

```
===================RESTART:E:\Python\例 3-16. py
请输入第一个数:12
请输入第二个数:18
最大公约数=6
最小公倍数=36
```

3.4.3 循环的嵌套

循环的嵌套就是一条循环语句中包含另一条循环语句，也称为多重循环。while 语句和 for 语句可以嵌套自身语句结构，也可以相互嵌套，可以呈现各种复杂的形式。

【例3-17】编写程序，输出九九乘法表。

```
'''例 3-17 参考代码'''
for i in range(1,10):
    for j in range(1,i+1):
        print("{}×{}={}". format(j,i,i*j),end="\t")
    print()
```

运行结果：

```
===================RESTART:E:\Python\例 3-17. py
1×1=1
1×2=2   2×2=4
1×3=3   2×3=6   3×3=9
1×4=4   2×4=8   3×4=12  4×4=16
1×5=5   2×5=10  3×5=15  4×5=20  5×5=25
1×6=6   2×6=12  3×6=18  4×6=24  5×6=30  6×6=36
1×7=7   2×7=14  3×7=21  4×7=28  5×7=35  6×7=42  7×7=49
1×8=8   2×8=16  3×8=24  4×8=32  5×8=40  6×8=48  7×8=56  8×8=64
1×9=9   2×9=18  3×9=27  4×9=36  5×9=45  6×9=54  7×9=63  8×9=72  9×9=81
```

在这个程序中，外层循环迭代变量 i 控制行，内层循环迭代变量 j 控制列，对于每一个 i，内层循环完成相应行的输出，结束后通过 print（）函数实现换行，再进入下一次外层循环。

【例 3-18】编写程序统计 1 元换成 1 分、2 分和 5 分的所有兑换方案个数。

```
'''例 3-18 参考代码'''
i,j,k=0,0,0
count=0
for i in range(21):
    for j in range(51):
        k=100-5*i-2*j
        if k>=0:
            count+=1
print('count={:d}'. format(count))
```

运行结果：

```
==================RESTART:E:\Python\例 3-18. py
count=541
```

3. 4. 4　break、continue 和 pass 语句

for 语句和 while 语句都是通过头部控制循环的执行，一旦进入循环体，就会完整地执行一遍其中的语句，然后重复。但是在某些情形下，希望提前结束循环。

Python 提供了两种提前退出循环的办法：break 语句，完全终止循环；continue 语句，跳过执行本次循环体中的剩余代码，转而执行下一次循环。另外，Python 还提供了用于保持程序结构完整性的 pass 语句。pass 语句是空语句，用来让解释器跳过此处，什么都不做。

1. break 和 continue 语句

对比下面的代码：

```
for i in range(1,11):
    if i%3==0:
        break
    print(i,end=' ')
#输出:1  2
```

```
for i in range(1,11):
    if i%3==0:
        continue
    print(i,end=' ')
#输出:1  2  4  5  7  8  10
```

在左边的循环中，当 i 是 3 的倍数的时候，执行 break 语句。break 语句的作用是立刻结束整个 for 循环，因此输出只有 1 和 2 两个数字；而在右边的循环中，当 i 是 3 的倍数的时候，执行 continue 语句。continue 语句的作用是结束这一轮的循环，程序跳转到循环头部，根据头部的要求继续循环，因此输出了不是 3 的倍数的所有数字。

break 和 continue 语句都只能出现在循环体内，且只能控制包含着它们的最内层循环（循环是可以嵌套的）。通常情况下，break 和 continue 语句总是出现在条件语句中，当某种

情况发生的时候控制循环的执行。两者中，break 语句的使用更广泛一些。

【**例 3-19**】判断一个正整数 n（n>=2）是否是素数。素数又称质数，是一个大于 1 的自然数，这个数除了 1 和它本身，不能被其他整数整除，否则这个数是合数。

```
'''例 3-19 参考代码'''
n=int(input("请输入一个正整数 n( n>=2):"))
flag=1
for i in range(2,n):
    if n% i= =0:
        flag=0
        break
if flag= =1:
    print(n,"是素数")
else:
    print(n,"不是素数")
```

运行结果：

```
==================RESTART:E:\Python\例 3-19. py
请输入一个正整数 n(n>=2):9
9 不是素数
>>>
==================RESTART:E:\Python\例 3-19. py
请输入一个正整数 n(n>=2):11
11 是素数
```

【**例 3-20**】输出 1~50 能被 7 整除的数。

```
'''例 3-20 参考代码'''
for i in range(1,51):
    if i% 7!=0:
        continue
    print(i,end=' ')
```

运行结果：

```
7 14 21 28 35 42 49
```

2. pass 语句

pass 语句是空语句，不做任何事情，只起到占位作用。在实际开发过程中，有时候会直接搭起程序的整体逻辑结构，暂时不考虑实现某些细节。这时，可以使用 pass 语句，解释器跳过此处，什么都不做，从而不影响整个程序的运行。

【**例 3-21**】在下面的 pass 语句示例中，如果 i 能被 7 整除，则输出 i，否则就用 pass 语句占个位置，什么都不做，从而方便以后根据具体情况进行处理。

```
'''例 3-21 参考代码'''
for i in range(1,51):
    if i%7==0:
        print(i,end=' ')
    else:
        pass
```

运行结果：

```
7 14 21 28 35 42 49
```

▶▶ 3.4.5　循环中的 else 子句

有两种方式退出 for 循环或者 while 循环，一种是循环条件不成立或序列遍历结束，另一种是在循环过程中遇到了 break 语句。在 for 和 while 循环结构中，都可以带有 else 子句，从而对两种退出循环的方式进行不同的处理。如果循环是因为条件表达式不成立或者是序列遍历结束而自然退出，则执行 else 结构中的语句，如果循环是因为 break 语句而提前结束，则不会执行 else 结构中的语句。对比如下：

```
for i in range(5):
    print(i,end=' ')
else:
    print("for 循环正常结束!")

#输出:0 1 2 3 4 for 循环正常结束!
```

```
for i in range(5):
    print(i,end=' ')
    if i>=3:
        break
else:
    print("for 循环正常结束!")
#输出:0 1 2 3
```

比较两段代码，左边代码由于序列遍历结束而正常退出循环，执行 else 中的语句；而右边代码由于 break 语句而提前退出循环，else 中的语句不被执行。

【例 3-22】用带 else 语句的循环结构判断正整数 n(n>=2)是否是素数。

```
'''例 3-22 参考代码'''
n=int(input("输入一个正整数 n(n>=2):"))
for i in range(2,n):
    if n%i==0:
        print(n,"不是素数")
        break
else:
    print(n,"是素数")
```

运行结果：

```
==================RESTART:E:\Python\例 3-22. py
输入一个正整数 n(n>=2):7
7 是素数
>>>
==================RESTART:E:\Python\例 3-22. py
输入一个正整数 n (n>=2):15
15 不是素数
```

代码中的 else 子句属于 for 循环结构的一部分，是对 for 循环由于序列遍历结束而自然退出时所作的处理。当 for 循环自然结束退出时，表示 break 语句并未执行，即没有找到任何一个 i 是 n 的约数，因此判定 n 为素数。

3.5　程序的异常处理机制

程序运行时，常会碰到一些错误，如语法错误。Python 集成开发环境会帮助开发者发现并排除绝大多数语法错误，但有些错误无法被集成开发环境发现，在运行的时候会中断程序然后报错，例如除数为 0，或找不到对象，或没有找到操作目录、文件等。这类错误语句虽然符合 Python 语法，但编译之后无法让程序继续运行。如果这类错误不能被发现并加以处理，程序就会在发生错误的地方跳出运行逻辑，从而导致程序崩溃。为了在编程的时候尽最大可能避免程序崩溃，在编写程序的时候，应引入异常处理机制。

▶▶ 3.5.1　Python 中的异常

语法错误是没有按照程序设计语言的语法规则编写程序而导致的。例如，在 Python 中漏写了空格，在 Python 3. x 中将 print( )函数误写成 print 语句等。运行时错误是运行程序时发生的错误，如除数为 0、打开一个不存在的文件等；逻辑错误是程序逻辑上发生的错误，如引用了错误的变量、算法不正确等，编译器和解释器无法直接发现这类错误。为了保证程序的健壮性，在写程序时除了要考虑通常情况，还需要考虑可能会发生的异常情况，如程序中有除法，需要考虑除数是 0 的情况，否则会发生错误。例如：

```
>>>1/0
Traceback(most recent call last):
    File "<pyshell#0>",line 1,in<module>
        1/0
ZeroDivisionError:division by zero
```

Python 用异常对象（exception object）表示异常情况，遇到错误时，如果异常对象没有被捕捉或处理，则程序就会回溯（或称为跟踪）错误信息，给出相应的提示并终止程序的执行。Python 中每一个异常都是一个异常类的实例。例如，上例中执行"1/0"后引发的 ZeroDivisionError 异常。再如：

```
>>>y=x+1
Traceback(most recent call last):
    File "<pyshell#1>",line 1,in<module>
        y=x+1
NameError:name 'x'is not defined
```

由于使用了未定义的变量 x，所以引发了 NameError 异常。Python 中的内置异常类很多，与查看内置函数的方法一样，用户可以利用 dir( ) 函数查看异常类。

```
>>>dir(__builtins__)
['ArithmeticError','AssertionError','AttributeError','BaseException','BlockingIOError','BrokenPipeError',
'BufferError','BytesWarning','ChildProcessError','ConnectionAbortedError','ConnectionError','ConnectionRe-
fusedError','ConnectionResetError','DeprecationWarning','EOFError','Ellipsis','EnvironmentError','Exception',
'False','FileExistsError','FileNotFoundError','FloatingPointError','FutureWarning','GeneratorExit','IOError','
ImportError','ImportWarning','IndentationError','IndexError','InterruptedError',…
```

Python 中重要的内置异常类及其描述如表 3-1 所示。

表 3-1 Python 中重要的内置异常类及其描述

名　称	描　述
BaseException	所有异常类的基类
Exception	常规异常类的基类
AttributeError	对象不存在此属性
IndexError	序列中无此索引
IOError	输入/输出操作失败
KeyboardInterrupt	用户中断执行
KeyError	映射中不存在此键
NameError	找不到名字
SyntaxError	Python 语法错误
TypeError	对类型的操作无效
ValueError	传入无效的参数
ZeroDivisionError	除数为 0

可以用 if 语句判断除数的特殊情况后进行单独处理，例如：

```
if y!=0:
    print(x/y)
else:
    print('division by zero')
```

▶▶ 3.5.2　异常处理：try-except

异常处理是在程序运行出错时对程序进行的必要处理，可以极大提高程序的健壮性和人机交互的友好性。其实，程序的异常处理与我们在现实生活中处理事情的思路是相同的。

try：做任何事情都可能出现问题，怎么办？不要怕，要勇敢地去尝试。要仔细分析可能出现的问题，不回避，积极地去发现问题。

except：对于已发现的各类问题，要有针对性地给出解决问题的办法。

else：对于还没有发现的问题，给出指导性的建议。

finally：无论结果如何，都要认真总结做事情的经验教训。

异常处理语句的语法格式如下：

```
try:
    要做的事情
except:捕捉到的异常类型
    对于捕捉到的异常类型要进行适当处理
else:
    对于没有捕捉到的异常类型要作预案
finally:
    不管是否发生异常最后都要做的事情
```

注意：

（1）首先执行 try 子句，即关键字 try 和 except 之间的语句（要做的事情）。

（2）如果没有异常发生，那么忽略 except 子句和 else 子句，执行 finally 子句。

（3）如果在执行 try 子句的过程中发生了异常，并且异常的类型和 except 之后的名称相符，那么执行 except 子句，否则执行 else 子句。

（4）可以包含多条 except 子句，用于分别处理不同的异常。

（5）可以没有 else 和 finally 代码块。

【例3-23】编写程序，通过键盘输入两个整数，输出这两个整数的商和余数。

```
'''例3-23参考代码'''
try:
    m=int(input("请输入一个整数(m):"))
    n=int(input("请输入一个整数(n):"))
    print("{}除以{}的商是{},余数是{}". format(m,n,m//n,m% n))
except ValueError:
    print("你输入的不是数字!")
except ZeroDivisionError:
    print("除数不能是0!")
finally:
    print("进行了一次算术除法练习!")
```

运行结果：

```
==================RESTART:E:\Python\例 3-23. py
请输入一个整数(m):8
请输入一个整数( n):3
8 除以 3 的商是 2,余数是 2
进行了一次算术除法练习!
>>>
============RESTART:E:\Python\例 3-23. py========
请输入一个整数(m):8
请输入一个整数(n):0
除数不能是 0!
进行了一次算术除法练习!
>>>
============RESTART:E:\Python\例 3-23. py========
请输入一个整数(m):8t
你输入的不是数字!
进行了一次算术除法练习!
```

一个 try-except 语句块可以与 if 语句或循环语句一样有一条 else 子句，如果 try 语句块中没有异常发生，则 else 子句被执行。例如：

```
try:
    m=int(input("请输入 m:"))
    n=int(input("请输入 n:"))
    print(m/n)
except(ValueError,ZeroDivisionError):
    print("输入无效!")
else:
    print("You are right!")
```

如果输入正确没有异常，则跳过 except 语句块执行 else 子句。运行结果如下：

```
请输入 m:6
请输入 n:4
1.5
You are right!
>>>
请输入 m:r
输入无效!
>>>
请输入 m:6
请输入 n:0
输入无效!
```

知识扩展：Python 的标准库和常用的第三方库。

Python 的标准库如表 3-2 所示。

表 3-2　**Python 的标准库**

名　称	作　用
datetime	为日期和时间处理同时提供了简单和复杂的方法
zlib	以下模块直接支持通用的数据打包和压缩格式：zlib、gzip、bz2、zipfile 以及 tarfile
random	提供了生成随机数的工具
math	为浮点运算提供了对底层 C 函数库的访问
sys	工具脚本经常调用命令行参数，这些命令行参数以链表形式存储于 sys 模块的 argv 变量
glob	提供了一个函数，用于从目录通配符搜索中生成文件列表
os	提供了与操作系统相关联的函数

Python 常用的第三方库如表 3-3 所示。

表 3-3　**Python 常用的第三方库**

名　称	作　用
requests	HTTP（超文本传送协议）库
Pillow	是 PIL（Python 图形库）的一个分支，适用于在图形领域工作的人
matplotlib	绘制数据图的库，对于数据科学家或分析师非常有用
OpenCV	图片识别常用的库，通常在练习人脸识别时会用到
pytesseract	图片文字识别，即 OCR（光学字符识别）
WxPython	Python 的一个 GUI（图形用户界面）工具
Twisted	对于网络应用开发者重要的工具
SymMy	用于代数评测、差异化、扩展、复数等
SQLAlchemy	数据库工具包，简化数据库的操作
SciPy	Python 的算法和数学工具库
Scrapy	数据包探测和分析库，爬虫工具常用的库
Pywin32	提供与 Windows 操作系统交互的方法和类的 Python 库
PyQt	Python 的 GUI 工具
PyGtk	Python 的 GUI 库
Pyglet	2D、3D 动画和游戏开发引擎
Pygame	开发 2D 游戏时使用会有很好的效果
NumPy	为 Python 提供了很多高级的数学方法
pandas	提供高性能、易用的数据结构和数据分析工具
nose	Python 的测试框架

续表

名　称	作　用
nltk	自然语言工具包
IPython	Python 的提示信息，包括补全信息、查找历史信息、Shell 功能等
BeautifulSoup	XML（可拓展标记语言）和 HTML（超文本标记语言）文件的解析库，对于新手非常有用

3.6　循环的应用例题

【例 3-24】编写程序，求一元二次方程 $ax^2+bx+c=0(a\neq0)$ 的根。

问题分析：

可利用一元二次方程的求根公式 $x=\dfrac{-b\pm\sqrt{b^2-4ac}}{2a}$ 来进行求解。

```
'''例 3-24 参考代码'''
a=eval(input("请输入二次项系数 a(a≠0):"))
b=eval(input("请输入一次项系数 b:"))
c=eval(input("请输入常数项 c:"))
d=b**2-4*a*c
if d>=0:
    x1=(-b+d**0.5)/(2*a)
    x2=(-b-d**0.5)/(2*a)
    print("一元二次方程{}x^2+{}x+{}=0 有两个实根:".format(a,b,c))
    print("x1={:.2f}, x2={:.2f}".format(x1,x2))
else:
    realx=-b/(2*a)
    imagx=(-d)**0.5/(2*a)
    print("一元二次方程{}x^2+{}x+{}=0 有两个复根:".format(a,b,c))
    print("x1={:.2f}+{:.2f}J".format(realx,imagx))
    print("x2={:.2f}-{:.2f}J".format(realx,imagx))
```

运行结果：

```
================RESTART:E:\Python\例 3-24.py
请输入二次项系数 a(a≠0):5
请输入一次项系数 b:10
请输入常数项 c:3
一元二次方程 5x^2+10x+3=0 有两个实根:
x1=-0.37
x2=-1.63
>>>
```

```
==================RESTART:E:\Python\例 3-24. py
请输入二次项系数 a(a≠0):5
请输入一次项系数 b:2
请输入常数项 c:5
一元二次方程 5x^2+2x+5=0 有两个复根:
x1=-0.20+0.98J
x2=-0.20-0.98J
```

【例 3-25】编写程序，求斐波那契数列中小于 2 000 的最大数。

问题分析：

（1）斐波那契数列又称黄金分割数列、兔子数列，是由数学家斐波那契（Fibonacci）于 1202 年提出的一种数列。

（2）斐波那契数列为 1、1、2、3、5、8、13、…，从第 3 项开始，后面的每一项都等于前两项之和。

（3）需要反复迭代才能得到想要的结果。另外，虽然需要迭代的次数不明确，但迭代结束的条件却是明确的。因此，应选择使用 while 循环。

```
'''例 3-25 参考代码'''
a,b=1,1
while b<2000:
    c=a+b
    a,b=b,c
print("小于 2000 的最大斐波那契数是{}". format(a))
```

运行结果：

```
==================RESTART:E:\Python\例 3-25. py
小于 2000 的最大斐波那契数是 1597
```

【例 3-26】例 3-15 猜数字游戏的升级版。随机生成一个 1~100 的整数（称为神秘数字），让玩游戏的人猜。玩游戏的人通过键盘输入数字，如果猜中了，则输出"恭喜，猜对了！神秘数字是"；如果没有猜中，则输出"你猜的数太大！请继续……"或"你猜的数太小！请继续……"，以便玩游戏的人选择下一个输入的数字。

问题分析：

（1）需要导入 random 模块以产生一个随机数（神秘数字）。

（2）从键盘输入用户猜的数，与神秘数字进行比较并返回相关信息。

（3）利用 while 循环实现猜数字游戏。

```
'''例 3-26 参考代码'''
import random
number=random. randint(1,100)
print("猜数字游戏,请输入 1~100 的数。")
guess=-1
```

```
while guess!=number:
    guess=eval(input("请输入你猜的数:"))
    if guess==number:
        print("恭喜,猜对了! 神秘数字是{}。". format(number))
    elif guess>number:
        print("你猜的数太大! 请继续……")
    else:
        print("你猜的数太小! 请继续……")
```

运行结果:

```
=================RESTART:E:\Python\例 3-26. py
猜数字游戏,请输入 1~100 的数。
请输入你猜的数:50
你猜的数太小! 请继续……
请输入你猜的数:80
你猜的数太小! 请继续……
请输入你猜的数:90
你猜的数太小! 请继续……
请输入你猜的数:96
你猜的数太大! 请继续……
请输入你猜的数:95
恭喜,猜对了! 神秘数字是 95。
```

【例 3-27】百钱买百鸡,其中公鸡 5 元 1 只,母鸡 3 元 1 只,小鸡 1 元 3 只,要求每种鸡都必须有,编程计算公鸡、母鸡和小鸡应各买几只。

问题分析:

(1) 用 cock 表示公鸡数量,hen 表示母鸡数量,chick 表示小鸡数量。

(2) 对每种鸡的购买数量都要反复试,最后确定正好满足 100 元买 100 只鸡的组合。

(3) 采用穷举法(穷举法的基本思想是不重复、不遗漏地列举所有可能的情况),从中寻找满足条件的结果。

(4) 3 种鸡都必须有,购买公鸡的钱最多为 100-3-1=96 元,取 5 的倍数,得 95 元,所以公鸡数量的取值范围为 1~19 只;同理,母鸡数量的取值范围为 1~31 只;小鸡数量为 3 的倍数,小鸡数量的取值范围为 3~96 只。

```
'''例 3-27 参考代码'''
for cock in range(1,20):
    for hen in range(1,32):
        for chick in range(3,97):
            if cock*5+hen*3+chick/3==100 and cock+hen+chick==100:
                print("cock={}\then={}\tchick={}". format(cock,hen,chick))
```

运行结果：

```
==================RESTART:E:\Python\例 3-27. py
cock=4    hen=18    chick=78
cock=8    hen=11    chick=81
cock=12   hen=4     chick=84
```

【例 3-28】 输入一串字符，判断其是否为手机号码。

问题分析：

（1）用 Phone 表示输入的字符串。

（2）手机号码的第一个特点，就是字符全部都是数字字符，可以使用 isnumeric( )函数来对此进行判断。

（3）手机号码的第二个特点是号码长度为 11。

（4）假设现在国内运营商开通的有效手机号码网段如下：

中国移动网段：134、135、136、137、138、139、150、151、152、157、158、159、182、183、184、187、188、147、178。

中国联通网段：130、131、132、155、156、185、186、145、176、179。

中国电信网段：133、153、180、181、189、177。

（5）可以将上面所有的网段放到列表 hmd 中，并判断字符串 Phone 的头 3 个数字字符是否在列表 hmd 中，从而判断字符串 Phone 是否为有效的手机号码。在判断时一定要注意类型问题，Phone 是字符串，列表 hmd 中的元素如果是数字，就需要先进行类型转换，之后进行判断。

```
'''例 3-28 参考代码'''
hmd=[134,135,136,137,138,139,150,151,152,157,158,159,182,183,184,187,188,
     147,178,130,131,132,155,156,185,186,145,176,
     179,133,153,180,181,189,177]
Phone=input("输入手机号码:")
if Phone. isnumeric():
    if len(Phone)==11:
        if int(Phone[0:3])in hmd:
            print(Phone,"是一个有效号码")
        else:
            print(Phone,"不是有效运营商网段")
    else:
        print(Phone,"号码位数不对!")
else:
    print(Phone,"号码必须全是数字")
```

运行结果：

```
==================RESTART:E:\Python\例3-28.py
输入手机号码: 123456
123456 号码位数不对!
>>>
==================RESTART:E:\Python\例3-28.py
输入手机号码: 12345678909
12345678909 不是有效运营商网段
>>>
==================RESTART:E:\Python\例3-28.py
输入手机号码: 132re56789
132re56789 号码必须全是数字
>>>
==================RESTART:E:\Python\例3-28.py
输入手机号码: 13204768899
13204768899 是一个有效号码
```

3.7　本章小结

　　本章介绍了 Python 的 3 种控制结构，即顺序结构、分支结构和循环结构，以及程序的异常处理机制。在顺序结构中介绍了程序从头到尾地依次执行每一条语句，不重复、不跳过任何一条语句。在分支结构中介绍了单分支结构、双分支结构、多分支结构和分支结构的嵌套。在程序中，根据条件选择执行相应的语句，即程序中的语句是否被执行取决于条件，若条件成立，则执行相应的语句，否则不执行。在循环结构中介绍了 for 循环和 while 循环，以及 break 语句、continue 语句、pass 语句和 else 语句的用法。在程序的异常处理机制中介绍了程序中可能会发生的异常情况以及对程序进行的必要处理。

3.8　练习题

　　1. 编程实现：通过键盘输入一个字符，判断其是字母、数字还是其他字符。

　　2. 编程实现：有 4 个数字 1、2、3、4，能组成多少个互不相同且无重复数字的三位数？各是多少？

　　3. 编程实现：通过键盘输入一个正整数，判断其是否为完全数。所谓完全数，是指该数的各因子（除该数本身外）之和正好等于该数本身，例如：6=1+2+3，28=1+2+4+7+14。

第4章 函数

现实生活中，人们在解决复杂问题时，通常采用逐步分解、分而治之的方法，即将一个大的问题分解为比较容易求解的小问题，然后分别求解。

程序员在解决一个复杂的应用问题时，往往也是把整个问题划分成若干个子问题，然后为每个子问题编写一个模块，降低编程难度，最后把所有的模块像搭积木一样装配起来。这种在程序设计中分而治之之策略，称为模块化程序设计。

在 Python 中，子问题是通过函数的形式呈现的。函数就是组织好的、可以重复使用的，用来实现一个功能或者相关功能的代码段，如图 4-1 所示。

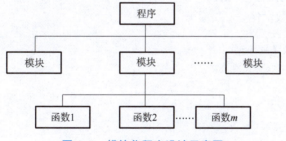

图 4-1　模块化程序设计示意图

使用函数能减小代码重复率，提升代码的整洁度，使代码更容易理解，而且这样的代码可以重复使用。

🌀 本章要点

➢ 理解模块化程序设计的思想及方法
➢ 掌握函数的定义、调用及返回值
➢ 掌握参数的传递方式
➢ 掌握函数的递归调用

📝 4.1　函数的定义和调用

前面介绍了 Python 提供的内置函数的使用方法，比如 print( )、sqrt( ) 等。但是这些内置函数不能完全满足用户的需求，这时候就需要用户自己定义函数来实现特定的功能。

▶▶▶ 4.1.1　函数的定义

在 Python 中，函数必须先定义再使用，定义函数的语法格式如下：

```
def 函数名([形式参数列表]):
    '''
    注释文本(关于函数的参数、功能及返回值的说明)
    '''
    函数体
    [return 返回值列表]
```

说明：

（1）def 是定义函数的关键字，不可省略。

（2）形式参数（简称形参）不需要声明类型。形参可以没有，也可以有多个。无参数时圆括号不能省略，多个参数时用逗号分隔。

（3）圆括号后的"："必不可少。

（4）函数体相对于 def 关键字必须保持一定的空格缩进。

（5）函数体中可以使用 return 语句返回值，返回值不需要指定类型。return 语句可以有多条，可以出现在函数体任意位置。

【例 4-1】定义函数示例。

```
def fact(n):      #定义函数 fact()
    '''接收一个非负整数,求其阶乘。'''
    k=1
    for i in range(1,n+1):
        k=k*i
    return k
```

程序说明：例 4-1 定义了函数 fact( )，形参 n 接收非负整数，函数功能为计算 n 的阶乘，通过 return 语句返回值。

▶▶▶ 4.1.2　函数的调用

函数的调用是指将一组特定的数据传递给定义的函数，然后执行该函数，最后返回到主程序中的调用点并带回返回值的过程。

函数调用的语法格式如下：

```
函数名([实际参数列表])
```

说明：

（1）调用函数的函数名要与定义的一致。

（2）函数调用中的参数为实际参数（简称实参），即从主程序向定义的函数传递的参数值。需要注意的是，函数定义中的形参和实参要保持个数、顺序的一致。

（3）每个函数之间、函数与主程序之间各留一个空行。

【例4-2】调用例4-1定义的函数示例。

```
def fact(n):                            #定义函数 fact()
    '''接收一个非负整数,求其阶乘。'''
    k=1
    for i in range(1,n+1):
        k=k*i
    return k
                                        #留一个空行
m=int(input("输入一个整数:"))
print(fact(m))                          #以 m 为实参调用函数 fact()
```

（4）需要注意的是，Python 函数必须先定义后调用，若在定义之前调用则会报错。一般做法是将函数定义放在程序开头部分。

【例4-3】先定义后调用示例。

```
def say_hi():                 #函数定义
    print('hello')
                              #留一个空行
say_hi()                      #调用函数
```

【例4-4】先调用后定义示例。

```
say_hi()              #调用函数
                      #留一个空行
def say_hi():         #函数定义
    print('hello')
```

运行后，该程序会报错：

```
Traceback(most recent call last):
    File "C:/Users/Administrator/AppData/Local/Programs/Python/Python36- 32/1. py",line 1,in<module>
        say_hi()                    #调用函数
NameError:name 'say_hi'is not defined
```

（5）若函数名被重复定义，则调用最近定义的函数。

【例4-5】函数重复定义示例。

```
def f(n):        #定义函数 f(n)
    n=2*n
    return n


def f(n):        #定义同名函数 f(n)
```

```
    n=10 * n
    return n
#函数名被重复定义时调用最近定义的一个函数

m=5
print(f(m))      #调用最近定义的函数 f(n)
```

运行结果：

```
50
```

▶▶ 4.1.3 函数返回值

函数通常会通过 return 语句将值带回给主调函数，return 语句位于函数体内，其语法格式如下：

```
return 表达式 1,表达式 2,…,表达式 n
```

说明：

（1）函数可以有返回值，就是调用函数后获取的值，也可以没有返回值。

（2）函数中无 return 语句或者 return 语句后面无表达式时，函数返回值为 None。

（3）一条 return 语句可以同时返回多个值，用逗号隔开。在主程序中，接收返回值的变量个数与返回值个数一致，否则报 ValueError 异常。

【例 4-6】函数有多个返回值示例（实参与形参个数一致）。

```
def func(a,b):
    return a+b,a-b,a * b      #3 个返回值

x,y,z=func(8,5)
print(x,y,z)                  #3 个变量接收返回值
```

运行结果：

```
13  3  40
```

（4）主程序也可以只有 1 个变量接收多个返回值，被调函数返回元组类型。

【例 4-7】函数有多个返回值示例（1 个变量接收返回值）。

```
def func(a,b):
    return a+b,a-b,a * b      #3 个返回值

x=func(8,5)
print(x)                      #1 个变量接收返回值
```

运行结果：

```
(13,3,40)  #元组
```

4.1.4　函数定义及调用例题

【例4-8】编写函数 max( )，求两个数的最大值。

```
def max(a,b):          #定义函数 max()
    if a>b:
        return a
    else:
        return b

m=int(input("输入一个整数:"))
n=int(input("输入一个整数:"))
print(max(m,n))        #调用函数 max()
```

【例4-9】编写函数，求 1+2+3+…+100 的和。

```
def  CalSum():         #定义无参函数 CalSum()
        sum=0
        for i in range(1,101):
            sum+=i
        print("sum=",sum)

CalSum()               #调用函数 CalSum()
```

运行结果：

```
5050
```

4.2　函数的参数

4.2.1　实参和形参

函数的参数有形参和实参之分。形参是指函数定义时函数名后面括号里的参数，多个形参可用逗号分隔，形参的作用是接收函数调用时传入的数据。实参是在函数调用时函数名后面括号中的参数，用于给形参传递具体的值。

【例4-10】形参和实参示例。

```
def add(a,b):                  #定义函数 add()，括号内 a、b 为形参
    return a+b

result=add(2,5)                #调用函数 add()，括号内 2、5 为实参
print("2+5=",result)
x=3
```

```
    y=4
    print("3+4=",add(x,y))   #调用函数 add(),括号内 x、y 为实参
```

运行结果：

```
    2+5=7
    3+4=7
```

在例 4-10 中，函数调用时，实参列表按照形参列表的顺序依次将值传递给形参，如图 4-2 所示。

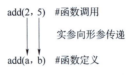

图 4-2　参数传递示意图

需要注意的是，实参和形参在个数、顺序上要保持一致。

4.2.2　函数的参数传递

当函数的定义中存在多个参数时，其参数传递的形式一般有位置传递、关键字传递、默认值传递、可变长参数传递等。

1. 位置传递

参数的位置固定，参数传递时按照形参定义的顺序提供数据，使用方便，但参数数量多时，函数调用容易混淆。

【例 4-11】参数位置传递示例。

```
def func(name,age,city):
    '''个人信息,参数依次是姓名、年龄、籍贯'''
    print("我的名字是{},今年{},来自{}". format(name,age,city))

Name="李明"
Age=18
City="辽宁"
func(Name,Age,City)     #实参与形参位置一致
```

运行结果：

```
我的名字是李明,今年 18,来自辽宁
```

在上面例题中，实参与形参的位置是固定的，这就要求调用时，实参传递给形参的值是一一对应的，否则就不能得到正确结果。

2. 关键字传递

函数调用时，提供实参对应的形参名称，根据每个参数的名称传递，不需要遵守位置关系。这种传递的优点是更加准确，缺点则是增加了代码量。

【**例 4-12**】关键字传递示例。

```
def func(name,age,city):
    print("我的名字是{},今年{},来自{}". format(name,age,city))


Name="李明"
Age=18
City="辽宁"
func(age=Age,city=City,name=Name)    #关键字传递与参数的位置无关
```

运行结果：

```
我的名字是李明,今年18,来自辽宁
```

需要注意的是，当关键字传递与位置传递同时使用时，按位置传递的参数要放在关键字传递的参数前面，否则，编译器无法明确知道除关键字外的参数出现的顺序。

【**例 4-13**】关键字传递和位置传递同时存在的示例。

```
def func(name,age,city):
    print("我的名字是{},今年{},来自{}". format(name,age,city))


Name="李明"
Age=18
City="辽宁"
func(Name,city=City,age=Age)    #name 为位置传递,其余为关键字传递
```

运行结果：

```
我的名字是李明,今年18,来自辽宁
```

3. 默认值传递

定义函数时，直接给形参赋予默认值。在调用函数时，若该形参得到了实参的传入值，按传入值进行计算，否则使用默认值。优点是可以降低调用函数的难度。

需要注意的是，当函数的参数有多个的时候，默认值参数必须放在后面，非默认值参数在前面，一旦出现了默认值参数，后面的其他参数都必须带默认值。

【**例 4-14**】默认值为参数的函数定义示例。

```
def func(name,age,city='辽宁'):          #默认值参数放在最后
    print("我的名字是{},今年{},来自{}". format(name,age,city))

def func(name,age=18,city='辽宁'):        #后面可以有多个默认值参数
    print("我的名字是{},今年{},来自{}". format(name,age,city))

def func(name='李明',age,city='辽宁'):    #位置参数应放在默认值参数前面
```

```
        print("我的名字是{},今年{},来自{}". format(name,age,city))
#"SyntaxError:non-default argument follows default argument"
```

示例中的前两个函数定义正确，第三个函数定义出现语法错误，因为位置参数 age 放在了默认值参数 name 的后面，运行时会报"SyntaxError：non-default argument follows default argument"错误。

【例 4-15】默认值传递示例一。

```
def func(name,age,city='辽宁' ):
    print("我的名字是{},今年{},来自{}". format(name,age,city))


Name="李明"
Age=18
func(Name,age=Age)   #位置参数在前面
```

运行结果：

```
我的名字是李明,今年18,来自辽宁
```

【例 4-16】默认值传递示例二。

```
def func(name,age,city='辽宁' ):
    print("我的名字是{},今年{},来自{}". format(name,age,city))


Name="李明"
Age=18
City="北京"
func(Name,Age,City)   #位置参数在前面
```

运行结果：

```
我的名字是李明,今年18,来自北京
```

在例 4-16 中，形参 city 得到了实参 City 的传入值，此时按传入的实际值计算，不使用默认值。

4. 可变长参数传递

前面几种参数传递，需要在定义函数时就预先定好这个函数需要多少个参数（或者说可以接收多少个参数）。但是有的时候我们无法知道参数个数或者参数个数不确定，这时可使用带 * 的函数参数来接收可变数量的参数。一般可变的、个数不确定的参数称为元组变长参数。

【例 4-17】可变长参数传递示例。

```
def func(name,age, * others):            #带 * 的参数可接收可变数量参数值
    print("我的名字是{}\n 今年{}\n 其他信息{}". format(name,age,others))


Name="李明"
```

```
Age=18
Sex="男"
Phone="13088888888"
City="辽宁"
func(Name,Age,Sex,Phone,City)
```

运行结果:

```
我的名字是李明
今年 18
其他信息('男','13088888888','辽宁')
```

函数定义时有 3 个形参,调用时有 5 个实参,形参 name 接收了实参 Name 的值,形参 age 接收了实参 Age 的值,剩下的所有值组成一个元组全部传递给了 others。参数传递示意图如图 4-3 所示。

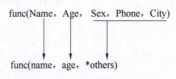

图 4-3 参数传递示意图

可变长参数传递时,若实参个数小于形参个数,则形参将接收一个空元组。

4.3 lambda 函数

lambda 函数是匿名函数,是一个没有名字的、临时使用的函数。如果一个函数在程序中只被调用一次,那么可以使用 lambda 函数。

其语法格式如下:

```
lambda 参数列表:表达式
```

lambda 是匿名函数的关键字,冒号前面是参数列表,可以没有参数。冒号后面是匿名函数的表达式,表达式只能占用一行。

lambda 函数的定义其实就等价于:

```
def func(参数列表):
    return 表达式
```

【例 4-18】lambda 函数示例。

```
add=lambda a,b:a+b

print(add(3,4))
```

运行结果：

```
7
```

上面代码还可以写成：

```
print((lambda a,b:a+b)(3,4))
```

4.4 变量的作用域

变量的作用域就是指变量的有效范围，即能够在多大的范围内访问到它。有的变量可以在整段代码的任意位置使用，有些变量只能在函数内部使用。

变量的作用域由定义变量的位置决定。在 Python 中，根据作用域的不同，可将变量分为局部变量和全局变量。

4.4.1 局部变量

局部变量又称内部变量，是在函数内部定义的，作用域仅限于函数内部，函数外部不可以使用该变量。形参也是局部变量。

当调用函数时，Python 会为局部变量分配临时的存储空间，函数执行完毕，这块临时存储空间即被释放，因而里面存储的变量也就无法使用了。

【例 4-19】局部变量示例一。

```
def func():
    a=8          #函数内部定义的局部变量 a
    print(a)     #函数内部可以使用 a

func()
```

运行结果：

```
8
```

【例 4-20】局部变量示例二。

```
def func():
    a=8          #函数内部定义的局部变量 a

func()
print(a)         #函数外部不可以使用局部变量 a
```

运行时会报错：

```
Traceback(most recent call last):
    File "C:/Users/Administrator/AppData/Local/Programs/Python/Python36- 32/1. py", line 6, in<module>
    print(a)
NameError:name 'a'is not defined
```

例 4-20 中，在函数 func( ) 中定义了局部变量 a，该变量只能在函数内部使用，在函数外部使用则会触发 NameError 异常。

所以局部变量是在函数内定义的变量，可以在函数内使用或修改，不能在函数外使用或修改。

▶▶ 4.4.2　全局变量

全局变量又称外部变量，是在函数外部定义的，也可以使用 global 关键字在函数内部定义，可被所有函数访问。

全局变量默认的作用域是整个程序。既可以在函数内部使用全局变量，也可以在函数外部使用或修改全局变量。

【例 4-21】全局变量示例一。

```
i=12            #函数外部定义的全局变量 i

def func():
    print(i)        #可以在函数内部使用全局变量 i

func()
i=5             #可以在函数外部修改全局变量 i
print(i)        #可以在函数外部使用全局变量 i
```

运行结果：

```
12
5
```

例 4-21 程序执行流程示意图如图 4-4 所示。

图 4-4　例 4-21 程序执行流程示意图

需要注意的是，在函数内部只能使用不能修改全局变量，若要在函数内部修改全局变量，则需要加关键字 global 进行声明之后才能修改。

【例 4-22】 全局变量示例二。

```
i=12                    #函数外部定义的全局变量 i

def func():
    global i
    i=5                 #global 声明后,可以在函数内部修改全局变量 i

func()
print(i)                #输出修改后的全局变量的值 i=5
```

运行结果:

```
5
```

例 4-22 中,在函数内部若不用 global 声明 i 为全局变量,就会出现局部变量和全局变量同名的情况。如果全局变量和局部变量同名,那么在 Python 中,函数内部全局变量会被屏蔽,在函数内部优先使用局部变量。

【例 4-23】 全局变量与局部变量同名示例。

```
i=12                    #函数外部定义的全局变量 i

def func():
    i=5                 #在函数内部定义的局部变量 i
    print(i)            #函数内部输出局部变量 i=5

func()
print(i)                #函数外部输出全局变量 i=12
```

运行结果:

```
5
12
```

例 4-23 程序执行流程示意图如图 4-5 所示。

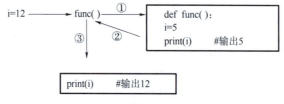

图 4-5 例 4-23 程序执行流程示意图

从运行结果可以看出,当全局变量和局部变量同名时,函数调用后,在函数 func( ) 内部的变量 i 是一个新的变量,与函数外部声明的同名变量无关。在函数内部,将全局变量

（i=12）屏蔽，输出了局部变量 i 的值 5。而在函数外部，则使用了全局变量，输出了 i 的值 12。

4.5 函数的递归调用

前面的章节介绍了一个函数如何调用另一个函数，其实函数也可以自己调用自己。在函数的定义中调用函数自身的方法，被称为函数的递归调用。递归调用通常能够将一个大型的复杂问题转化为规模较小的子问题来解决，将复杂问题的递归条件，一层一层地回溯到终止条件，然后根据终止条件的运算结果，一层一层地递进运算到满足全部的递归条件。

递归能用少量程序描述解题过程中的重复运算部分，减少代码量。但是使用递归调用时，要在编程时计划好终止条件，写好递归条件，用回溯的算法思想解决问题。

【例 4-24】使用递归调用算法求 5!。

```
def fact(n):                    #使用递归调用实现阶乘
    if n==0:
        return 1                #当 n=0 时,返回 1,终止递归调用
    return n * fact(n-1)        #调用函数自身,每调用一次,问题规模减小 1

print(fact(5))                  #调用递归函数,输出结果
```

运行结果：

```
120
```

使用递归调用实现阶乘的流程如图 4-6 所示。

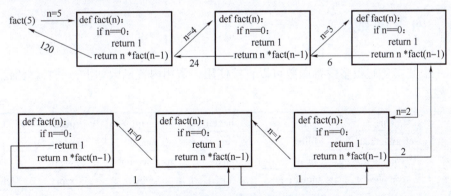

图 4-6 使用递归调用实现阶乘的流程

函数 fact(5) 首次调用时，传给形参 n 的值为 5，返回值为 5 * fact(4)；第二次调用时，传给形参的值就是 4，返回值为 4 * fact(3)；第三次调用时，返回值为 3 * fact(2)，以此类推。函数每调用一次，问题规模减小 1，直到遇到函数的结束条件，终止函数的调用，再回溯逆向运算，最终得出结果。

【例 4-25】使用递归调用求 100 以内所有自然数的和。

```
def s(n):
    if n==1:
        return 1
    else:
        return s(n-1)+n


print(s(100))
```

运行结果：

```
5050
```

【例4-26】使用递归调用求斐波那契数列前10个数。

```
def fib(n):
    if n==0 or n==1:
        return 1
    else:
        t=fib(n-2)+fib(n-1)
        return t


for i in range(10):
    print(fib(i),end=' ')
```

运行结果：

```
1 1 2 3 5 8 13 21 34 55
```

4.6 内置函数

Python 中其实还有很多内置函数可以直接使用，常用内置函数如下，其具体语法可以参考官方文档。

abs( )	chr( )	exec( )	hex( )	map( )	print( )	str( )
all( )	classmethod( )	filter( )	id( )	max( )	property( )	sum( )
any( )	compile( )	float( )	input( )	memoryview( )	range( )	super( )
ascii( )	complex( )	format( )	int( )	min( )	repr( )	tuple( )
bin( )	delattr( )	frozenset( )	isinstance( )	next( )	reversed( )	type( )
bool( )	dict( )	getattr( )	issubclass( )	object( )	round( )	vars( )
breakpoint( )	dir( )	globals( )	iter( )	oct( )	set( )	zip( )
bytearray( )	divmod( )	hasattr( )	len( )	open( )	setattr( )	
bytes( )	enumerate( )	hash( )	list( )	ord( )	slice( )	
callable( )	eval( )	help( )	locals( )	pow( )	sorted( )	

这些函数中的大部分会在各个章节进行讲解，如果想了解未讲解函数，可以使用 help( ) 函数查看帮助信息。

help( ) 函数的语法格式如下：

```
help([object])
```

该函数可返回方括号中对象的帮助信息，括号中的参数为字符串，可以是模块名、函数名、类名、方法名、关键字或文档主题。当参数省略时，则进入帮助环境，再输入要查找的对象名，返回该对象的帮助信息。例如，查看 print( ) 函数的帮助信息。

```
>>>help(print)
Help on built-in function print in module builtins:

print(...)
    print(value,...,sep='',end='\n',file=sys.stdout,flush=False)
    Prints the values to a stream,or to sys.stdout by default.
    Optional keyword arguments:
    file:   a file-like object(stream); defaults to the current sys.stdout.
    sep:    string inserted between values,default a space.
    end:    string appended after the last value,default a newline.
    flush:whether to forcibly flush the stream.
```

4.7 综合练习

【例4-27】制作模拟计算器。利用函数实现整数的加减法和乘除法。

```
def compute(n1,c,n2):
    if c=='+':
        print("{}+{}={}". format(n1,n2,n1+n2))
    elif c=='-':
        print("{}-{}={}". format(n1,n2,n1-n2))
    elif c=='*':
        print("{}×{}={}". format(n1,n2,n1*n2))
    else:
        if n2==0:
            print("Error")
        else:
            print("{}÷{}={}". format(n1,n2,n1/n2))

a=int(input("请输入第一个数:"))
```

```
    b＝int(input("请输入第二个数:"))
    c＝input("请输入一个运算符:")
compute(a,c,b)
```

运行结果:

```
请输入第一个数:5
请输入第二个数:4
请输入一个运算符:/
5÷4＝1.25
```

【例4-28】猜数字。系统随机产生一个1~100的整数，然后让用户猜测该数字，如果用户猜的数字比答案大，则提示太大了；如果用户猜的数字比答案小，则提示太小了；如果用户猜测正确，则输出用户猜测正确。其中产生数字和用户猜数字用两个函数实现。

```
import random

def newNumber():
    number＝random. randint(1,101)
    return number

def guessNumber(number):
    answer＝int(input("enter a integer between 0-100:"))
    if answer>number:
        print("too big")
    elif answer<number:
        print("too small")
    else:
        print("right!")

n＝newNumber()
guessNumber(n)
```

运行结果:

```
enter a integer between 0-100:35
too small
```

4.8　本章小结

本章主要介绍了函数的定义和调用、函数的参数、变量的作用域、lambda 函数、函数的递归调用等内容。

（1）函数的定义使用 def 关键字，在函数定义时可以确定形参的个数，但不需要指定其类型，在函数的开头部分，可以使用一对三引号的注释给出函数使用说明。

（2）函数的参数是本章的难点之一，包括形参和实参之间的传递，默认参数以及关键字参数。本章通过具体的实例讲解，使读者对其中的概念有了更为直观和深刻的理解。

（3）变量分为局部变量和全局变量，它们的作用域是不同的，要注意在局部变量和全局变量同名时的使用方法以及在函数中使用全局变量的方法。

（4）lambda 可以用来创建只包含一个表达式的匿名函数，在 lambda 函数中可以调用其他函数，其也支持默认值参数和关键字参数。

4.9 练习题

1. 给定一个正整数（小于 1 000），编写程序计算有多少对素数的和等于输入的这个正整数并输出结果。其中素数的判断由函数实现。

2. 编写函数 change(str)，其功能是对参数 str 进行大小写转换，即将字符串中的大写字母转换为小写字母，或将小写字母转换为大写字母。

3. 编写函数 digit(num，k)，其功能是求整数 num 的第 k 位的值。

4. 一个数恰好等于它的真因子（除自身以外的约数）之和，这个数就被称为完全数。编写函数判断该数是否为完全数，并编程找出 1 000 以内的所有完全数。

5. 求斐波那契数列（1，1，2，3，5，8，13，21……）的前 30 项并输出，控制每行输出 5 个。找出这 30 个数中的素数，其中素数的判断由函数完成。

第 5 章　列表与元组

Python 除了支持前面讲过的数值类型（包括 int、float、complex）、字符串类型、布尔类型，还支持列表（list）、元组（tuple）、字典（dict）、集合（set）等高级数据类型，这些高级数据类型可以用来存放多个数据元素。其中列表和元组以及前面学习的字符串类型通常称为序列类型，序列类型采用相同的索引体系，索引号从左向右依次递增，第一个索引号为 0；索引号也可从右向左依次递减，从右往左数第一个索引号为 −1。本章将详细讲解 Python 中的列表、元组这两种数据类型的用法。

本章要点

➢ 列表和元组的创建与遍历
➢ 列表和元组的常用方法
➢ 元组与列表之间的转换函数
➢ 列表和元组的应用实例

5.1　列表

列表是 Python 的内置可变有序序列，是包含若干元素的有序连续内存空间。在形式上，列表的所有元素放在一对方括号"["和"]"中，相邻元素之间使用逗号分隔开。当列表添加或删除元素时，列表对象自动进行内存的扩展或收缩，从而保证元素之间没有缝隙。Python 列表内存的自动管理可以大幅度减少程序员的负担，但列表的这个特点会涉及列表中大量元素的移动，效率较低，并且对于某些操作可能会导致意外的错误结果。因此，除非确实有必要，否则应尽量在列表尾部进行元素的添加与删除操作。这会大幅度提高列表处理速度。

在 Python 中，同一个列表中元素的类型可以不相同，可以同时包含整数、实数、字符串等基本类型，也可以是列表、元组、字典、集合以及其他自定义类型的对象。例如：

```
[10,20,30,40]
[ 'red flower','blue sky','green leaf']
[ 'Python',3.14,5,[10,20]]
[['file1',200,7],'file2',260,9]
```

都是合法的列表对象。

5.1.1 列表的创建

可以定义一个列表 scores，用来存放 5 位同学的考试成绩，也可以定义一个列表 names，用来存放这 5 位同学的名字。

```
scores=[98,96,95,94,92]
names=["z1","q2","s3","z4","w5"]
```

列表 scores 中的元素都是整数，names 中的元素都是字符串。Python 支持列表存放不同类型的元素。下面的赋值语句就定义了一个列表 student1，用来存放一位同学的姓名和考试成绩。

```
student1=["z1",98]
```

Python 也允许列表充当元素。下面的赋值语句定义了一个列表 class1，并在该列表中存放两位同学的信息。

```
class1=[["z1",98],["q2",96]]
```

也可以用以下方法定义一个包含列表元素的列表。

```
student1=["z1",98]
student2=["q2",96]
student3=["s3",95]
student4=["z4",94]
student5=["w5",92]
class1=[student1,student2]
students=[student1,student2,student3,student4,student5]
```

注意：列表的命名和普通变量命名的规则相同，但是由于列表一般存储的是多个数据，所以建议用复数形式，如 scores、names、students 等。当列表存储单个个体的多个信息时，可以考虑用单数形式命名，如 student。

5.1.2 元素的索引及访问

列表中每个元素都对应一个位置编号，这个位置编号称为元素的索引。列表就是通过索引来访问元素的，具体的语法格式如下：

```
列表名[索引]
```

值得注意的是，在 Python 中，列表元素的索引是从 0 开始、向右依次加 1 进行编号的。例如，定义的列表 names，排在第一位的元素"z1"对应的索引是 0，排在第二位的元素"q2"对应的索引是 1。

```
names=["z1","q2","s3","z4","w5"]
names [0]
z1
names[1]
q2
```

和字符串一样，列表元素也有正向和反向两种索引方式。这样，长度为 n 的列表中最后一个元素的索引既可以是 n−1，也可以直接用−1 表示。列表的反向索引方式可以方便程序更快捷地访问列表尾部的元素，尤其是列表长度较大的时候。

例如，列表 names 中元素"w5"的正向索引是 4，反向索引是−1。

```
names=["z1","q2","s3","z4","w5"]
names [4]
w5
names[-1]
w5
```

【例 5-1】根据输入的数字输出对应的月份信息。例如，输入"6"，则输出"6 月份"。

分析：题目要求输入一个整数，输出和该整数对应的字符串信息。而列表中的每个元素又都对应着一个整数的索引，因此可以考虑将月份信息作为元素按照顺序保存在一个列表中，然后将用户输入的整数作为索引，输出对应的元素即可。

这里要注意的是，表示月份的整数是从 1 开始的，而列表的索引是从 0 开始的，编写程序的时候要考虑这个"差 1"的处理。

参考代码：

```
monthes=["1 月份","2 月份","3 月份","4 月份","5 月份","6 月份","7 月份","8 月份","9 月份","10 月份","11 月份","12 月份")
m=int(input("请输入整数月份"))
print(monthes[m-1])
```

5.2 操作列表元素

列表中的元素都是有序存放的，因此可以直接通过索引来访问列表元素。而 Python 中的列表除了有序性，还有一个很重要的特性是可变性，不仅列表中的元素值是可变的，而且列表中的元素个数也是可变的。因此，列表的元素也支持添加、删除和修改操作。

▶▶ 5.2.1　添加元素

1. append()方法

append()是列表专属的方法之一，用来在指定的列表尾部，即当前最后一个元素的后面，追加指定新元素。具体语法格式如下：

```
列表名.append(新元素)
```

例如：

```
>>>lst=[1,2,3]
>>>lst. append(4)
>>>lst
[1,2,3,4]
```

2. insert()方法

insert()方法与 append()方法最大的不同在于，insert()方法允许为新添加的元素指定插入的位置，其中位置用索引表示。具体语法格式如下：

```
列表名.insert(索引,新元素)
```

例如：

```
>>>numbers=[1,2,3,5,6,7]
>>>numbers. insert(3,'four')
>>>numbers
[1,2,3,'four',5,6,7]
```

提示：append()方法固定在列表的尾部追加新元素，不会影响列表中原来各元素的位置和索引。insert()方法指定了将新元素插入列表索引 i 的位置，将使列表中原来索引 i 及其后的元素都后移一位，即索引+1。

▶▶ 5.2.2　删除元素

1. 使用 del 命令

del 是 Python 内置的命令，用来删除指定的列表元素。语法格式如下：

```
del 列表名[索引]
```

例如：

```
>>>names=['Alice','Beth','Cecil','Dee-Dee','Earl']
>>>del names[2]
>>>names
['Alice','Beth','Dee-Dee','Earl']
```

Cecil 元素从列表中删除，而列表的长度也从 5 变成了 4。除用于删除列表元素外，del 命令还可用于删除其他内容。

2. 使用 pop( )方法

pop( )方法通过指定索引从列表中删除对应的元素，并返回该元素。当省略指定索引时，将默认删除列表最末尾的元素。

语法格式如下：

```
列表名.pop(索引)
```

例如：

```
>>>x=[1,2,3]
>>>x.pop()
3
>>>x
[1,2]
>>>x.pop(0)
1
>>>x
[2]
```

对比 del 命令的执行结果，pop( )方法不仅从列表中删除了指定的元素，同时还返回了被删除的元素。可以利用这种特性，用变量来获取这个被删除的元素，以备后续使用。

3. 使用 remove( )方法

remove( )方法直接删除指定元素，具体的语法格式如下：

```
列表.remove(元素值)
```

例如：

```
>>>x=['to','be','or','not','to']
>>>x.remove('be')
>>>x
['to','or','not','to']
```

和索引不同，列表中可以出现相同元素，remove( )方法删除排在前面（索引值小）的元素。例如：

```
>>>x=['to','be','or','not','to','be']
>>>x.remove('be')
>>>x
['to','or','not','to','be']
```

这里介绍的删除列表元素的方法和命令各有特点，适合不同的操作需要。

（1）已知待删除元素的索引时，可使用 del 命令和 pop( ) 方法，其中 pop( ) 方法对于删除列表末尾的元素最为简单方便。明确知道待删除元素值时，用 remove( ) 方法更为简单。但值得注意的是，当列表中有多个待删除元素时，remove( ) 方法只删除排在最前面的那个元素。

（2）与 del 命令和 remove( ) 方法不同，pop( ) 方法在删除元素的同时会"弹出"这个被删除的元素，如有需要可以用一个变量"接住"它，以便进行后续操作。

▶▶ 5.2.3　修改元素

修改列表：给元素赋值。使用索引表示法给特定位置的元素赋值，如 x[1]=2。

```
>>>x=[1,1,1]
>>>x[1]=2
>>>x
[1,2,1]
```

▶▶ 5.2.4　其他常用操作

列表中提供了专门的函数来实现一些常用的操作。

1. len( ) 函数

len( ) 函数用来统计和返回指定列表的长度，即列表中元素的个数。语法格式如下：

```
len(列表)
```

例如：

```
>>>marxes=['Groucho','Chico','Harpo']
>>>len(marxes)
3
```

2. 运算符 in 和 not in

in 和 not in 被称为成员运算符，用来判断指定的元素是否在列表中。用 in 运算符时，如果元素在列表中则返回 True，否则返回 False；用 not in 运算符时，情况则与 in 运算符相反。二者的语法格式如下：

```
元素 in 列表
元素 not in 列表
```

例如：

```
>>>marxes=['Groucho','Chico','Harpo','Zeppo']
>>>'Groucho'in marxes
True
>>>'Bob'in marxes
False
```

3. index( )方法

index( )方法用来在列表中查找指定的元素，如果存在则返回指定元素在列表中的索引；如果存在多个指定元素，则返回最小的索引值；如果不存在，则会直接报错。具体语法格式如下：

```
列表.index(元素)
```

例如：

```
>>>marxes=['Groucho','Chico','Harpo','Zeppo']
>>>marxes.index('Chico')
1
```

4. count( )方法

count( )方法用来统计并返回列表中指定元素的个数，具体语法格式如下：

```
列表.count(元素)
```

例如：

```
>>>marxes=['Groucho','Chico','Harpo']
>>>marxes.count('Harpo')
1
>>>marxes.count('Bob')
0
>>>snl_skit=['cheeseburger','cheeseburger','cheeseburger']
>>>snl_skit.count('cheeseburger')
3
```

5.3 操作列表

5.3.1 遍历列表

列表的遍历指一次性、不重复地访问列表的所有元素。

1. range( )函数

长度为 n 的列表可以使用 for 循环，配合 range(n)函数，通过索引从 0 到 n−1 的变化来实现元素的遍历。例如：

```
a=[1,2,3]
for i in range(3):
    print(a[i])
```

输出：

```
1
2
3
```

2. 直接的元素遍历

除借助索引变化遍历列表外，和依次访问字符串中字符相似，Python 也可以使用"for 元素 in 列表"的形式直接依次访问列表中每个元素。例如：

```
a=[1,2,3]
for i in a:
print(i)
```

▶▶ 5.3.2　列表排序

1. sort( )方法

列表 .sort( )表示列表元素按从小到大的顺序排列。例如：

```
a=[2,1,3]
a. sort()
    print(a)
```

a 调用了 sort( )方法，使元素按照从小到大的顺序排列。在 Python 中，排序是基于元素的由 ord( )函数得到的编码值来进行的。对于数字和英文字符排序，结果是确定而明晰的，但是处理中文的时候却有些复杂。因为中文通常有拼音和笔画两种排序方式，而不同的字符集或采用拼音排序，或采用笔画排序，或采用偏旁部首排序，或混合采用多种排序方式，所以 sort( )方法对中文的排序结果和预判结果会发生偏差。

2. sorted( )函数

除了列表的 sort( )方法，Python 还提供了内置函数 sorted( )对指定的列表进行排序，语法格式如下：

```
sorted(列表,reverse)
```

sorted( )函数除使用格式和 sort( )方法有所不同之外，最关键的是，sort( )方法直接改变了原列表的元素顺序，而 sorted( )函数只生成排序后的列表副本，不改变原列表中元素的顺序。例如：

```
a=[2,1,3]
print(sorted(a,reverse=False))
print(a)
```

输出：

```
[1,2,3]
[2,1,3]
```

从上述代码可以看出，sorted( )函数按要求完成了排序并输出了排序结果，但是这个结果并没有影响和改变原列表中的元素顺序。

总结：sort( )方法和sorted( )函数都是用来对列表进行排序的，但它们使用的格式有所不同。最值得注意的是，sort( )方法是"原地排序"，结果会直接改变列表本身；而sorted( )函数为"非原地排序"，仅返回排序结果，不影响原列表。

▶▶ ▎5.3.3 列表切片

列表遍历和列表排序都是对列表进行整体操作，但是有的时候，也需要对列表中的部分元素进行提取，这就需要对列表进行切片处理。

和字符串切片操作类似，直接指定切片的起始索引和终止索引可以从列表中提取切片。具体语法格式如下：

```
列表[起始索引:终止索引]
```

这个操作表示提取列表中从"起始索引"对应的元素到"终止索引"前一个元素为止的元素作为切片。例如：

```
>>>a=[9,8,7,6,5,4,3,2,1]
print(a[1:4])
[8,7,6]
```

和字符串切片类似，列表使用直接索引进行切片时有以下几个注意点。

（1）省略"起始索引"时，切片默认从索引 0 元素开始。

（2）省略"终止索引"时，切片默认到最后一个元素位置结束。

（3）同时省略"起始索引"和"终止索引"时，切片默认取整个列表。

```
>>>a=[9,8,7,6,5,4,3,2,1]
>>>print(a[:5])
[9,8,7,6,5]
>>>print(a[3:])
[6,5,4,3,2,1]
>>>print(a[:])
[9,8,7,6,5,4,3,2,1]
>>>print(a[:-1])
[9,8,7,6,5,4,3,2]
```

请注意省略"终止索引"和"终止索引"取-1时的区别！

进行列表切片时除可以指定"起始索引"和"终止索引"外，还可以指定切片提取元素的方式，语法格式如下：

```
列表[起始索引:终止索引:n]
```

这个操作表示从"起始索引"对应的元素开始，以"每隔 n−1 个元素提取一个元素"的方式进行切片，直到"终止索引"前一个元素为止。例如：

```
>>>a=[9,8,7,6,5,4,3,2,1]
>>>print(a[1:5:2])
[8,6]
```

这种指定了提取方式的切片操作也有以下几个注意点。

（1）n 取值为 1 和省略 n 的效果一样，表示提取"起始索引"和"终止索引"之间的每一个元素组成切片。

（2）当"起始索引"大于"终止索引"，且 n 取负值时，表示逆向提取元素组成切片。

（3）同时省略"起始索引"和"终止索引"，且 n 取值为−1 时，表示取列表逆序元素组成切片。

```
>>>a=[9,8,7,6,5,4,3,2,1]
>>>print(a[5:1:-2])
[4,6]
>>>print(a[::-1])
[1,2,3,4,5,6,7,8,9]
```

▶▶ 5.3.4 列表的扩充

append()和 insert()方法都是用来给列表添加元素的，下面介绍直接为列表添加新的列表的方法。

1. "+"运算

和算数运算中的加法运算类似，"+"运算也可以用来将两个列表"加"起来。只不过，列表的"加"确切地说是指列表的"连接"。例如：

```
>>>a=[9,8,7,6,5,4,3,2,1]
>>>b=['a','b','c','d']
>>>print(a+b)
[9,8,7,6,5,4,3,2,1,'a','b','c','d']
>>>print(a)
[9,8,7,6,5,4,3,2,1]
>>>print(b)
['a','b','c','d']
```

从代码的执行结果来看，"+"运算的确将两个列表进行了连接，生成了一个新列表，但是参与运算的两个列表 a 和 b 本身都没有发生变化。

重新定义一个新列表，通过赋值语句将连接后的结果保存下来：

```
>>>ab＝a+b
>>>print(ab)
[9,8,7,6,5,4,3,2,1,'a','b','c','d']
```

2. extend( )方法

"+"运算必须通过赋值语句才能将结果写入新列表，而 extend( )方法可以直接将新的列表添加至某一列表的后面。具体的语法格式如下：

```
列表.extend(新列表)
```

例如：

```
>>>a.extend(b)
>>>print(a)
[9,8,7,6,5,4,3,2,1,'a','b','c','d']
>>>print(b)
['a','b','c','d']
```

3. "＊"运算

除"+"运算外，列表也支持进行"＊"运算。和字符串的"＊"运算一致，列表的"＊"运算是指将列表中的元素重复多遍，具体格式如下（其中，n 为整数，代表元素重复的遍数）：

```
列表＊n
```

例如：

```
>>>a＝[9,8,7,6,5,4,3,2,1]
>>>print(a)
[9,8,7,6,5,4,3,2,1]
>>>print(a＊2)
[9,8,7,6,5,4,3,2,1,9,8,7,6,5,4,3,2,1]
```

与"+"运算类似，如果不用赋值语句将结果赋给具体的列表，"＊"运算的结果仅回显一次，不会被保存。

▶▶▶ 5.3.5 列表的复制

1. 利用切片实现

同时省略"起始索引"和"终止索引"的切片操作，可以提取整个列表作为切片。例如：

```
>>>a＝[9,8,7,6,5,4,3,2,1]
>>>acopy＝a[:]
```

```
>>>print(acopy)
[9,8,7,6,5,4,3,2,1]
```

2. copy( )方法

除了使用这种特殊的切片操作来实现列表的复制，列表也提供了一个 copy( ) 方法，可直接生成列表的一个备份。例如：

```
>>>acopy=a. copy()
>>>print(acopy)
[9,8,7,6,5,4,3,2,1]
```

▶▶ 5.3.6 列表的删除

del 命令可以删除指定的元素，配合列表的切片，del 命令也可以同时删除多个元素，甚至所有的元素。例如：

```
>>>a=[9,8,7,6,5,4,3,2,1]
>>>del a[2:4]
>>>print(a)
[9,8,5,4,3,2,1]
>>>del a[:]
>>>print(a)
[]
```

在上述代码中，del 命令首先通过列表的切片删除了 a 列表中索引 2 元素 "7" 和索引 3 元素 "6"，然后通过 "所有元素" 的切片方式删除了 a 列表中的所有元素。但是，此时的 a 列表依然存在，是一个没有元素的空列表。这种操作是 "删除列表元素" 的操作，不是 "删除列表" 的操作。

那怎么才能删除列表呢？只需要指明列表名即可：

```
>>>del a
>>>print(a)
NameError:name 'a'is not defined.
```

从系统的报错信息可以看出，执行了删除列表的操作后，a 列表在系统中已不存在。所以，读者如果只是希望删除列表的所有元素，但保留空列表，应该执行 "清空列表" 操作。只有后续的操作不再需要这个列表的时候，才能执行删除列表命令。

▭ 5.4 数值列表

前面几节介绍了列表以及列表的一些基本操作。这些操作涉及的大多是字符串列表，其实，数值列表在很多场合的应用也非常广泛。本节将详细介绍数值列表的创建和使用。

▶▶ 5.4.1 创建数值列表

结合列表的定义，可以很容易理解，数值列表存放了一组数值型元素。Python中一般有以下几种创建数值列表的方法。

1. 通过 input( ) 函数输入

要输入一个列表，那么输入的内容就要"长得像"一个列表，所以输入列表时要连带"[ ]"一起输入。下面的示例是通过 input( ) 函数输入数值列表[9,8,7,6,5,4,3,2,1]。

```
>>>mynum=input("请输入一个数值列表:")
请输入一个数值列表:[9,8,7,6,5,4,3,2,1]
>>>print(mynum)
[9,8,7,6,5,4,3,2,1]
>>>print(type(mynum))
<class 'str'>
```

在上述代码执行的过程中，已经很注意地将列表元素放在了"[ ]"中一起输入了。但是从 mynum 显示的内容来看，mynum 接收的不是一个列表，而是一个字符串。

这是因为 input( ) 函数只能从输入设备接收字符串。虽然在输入的时候特意加上了列表专用的"[ ]"，但在 input( ) 函数看来，这也只是字符串的一部分而已。

针对这种情况，就需要使用 eval( ) 函数来进行转换。例如：

```
>>>mynum=eval(input("请输入一个数值列表:"))
请输入一个数值列表:[9,8,7,6,5,4,3,2,1]
>>>print(mynum)
[9,8,7,6,5,4,3,2,1]
>>>print(type(mynum))
<class 'list'>
```

此处，eval( ) 函数可以理解为将 input( ) 函数从输入设备获取的字符串"[9,8,7,6,5,4,3,2,1]"的一对引号去掉，并提取出了引号中的内容，即列表[9,8,7,6,5,4,3,2,1]，将其直接赋给了 mynum。

2. 通过 list( ) 函数转换

由列表 [1,2,3,4,5,6,7,8,9,10] 很容易联想到 range( ) 函数，如果参数取 1 和 11，range(1,11)将很容易地生成1~10这10个数。那么可以直接用 range( ) 函数来创建数值列表吗？

```
>>>mynum=range(1,11)
>>>print(mynum)
range(11,1)
>>>print(type(mynum))
<class 'range'>
```

从代码的执行结果可以看出，range( )函数虽然可以生成若干个数值，但是其生成的若干个数值是一个 range 对象而不是列表。

所以，无法通过 range( )函数直接创建一个列表。但是，可以通过 list( )函数将 range 对象转换成一个列表。例如：

```
>>>mynum=list(range(1,11))
>>>print(mynum)
[1,2,3,4,5,6,7,8,9,10]
>>>print(type(mynum))
<class 'list'>
```

有了 list( )函数，就可以很方便地通过配置不同参数的 range( )函数灵活生成多种数值列表。只不过这些列表的元素都是有规律变化的。

▶▶ 5.4.2　列表生成式

其实，不借助 list( )函数，range( )函数也可以配合 for 循环生成多种数值列表。下面的代码就是使用 range( )函数和 for 循环创建了一个由 $1 \sim 10$ 这 10 个数的平方值组成的数值列表。

```
>>>mynum=[]
>>>for i in range(1,11):
>>>mynum. append(i**2)
>>>print(mynum)
[1,4,9,16,25,36,49,64,81,100]
```

上述代码段实现了创建数值列表的功能，但是包含了好几行代码。Python 提供了一个"列表生成式"，可以将上述代码段合并成一行，并能完成相同的功能。

下面就是与上述代码段功能等价的列表生成式的使用示例。

```
>>>mynum=[i**2 for i in range(1,11)]
>>>print(mynum)
[1,4,9,16,25,36,49,64,81,100]
```

可以将列表生成式的使用格式总结如下：

```
列表=[循环变量相关表达式 for 循环变量 in range()函数]
```

其中，有以下两点注意事项。

（1）"循环变量相关表达式"指包含了循环变量的各种运算。

（2）"for 循环变量 in range( )函数"指定了循环变量的变化区间和方式。

总的说来，列表生成式将 range( )函数生成的若干个数按照指定的表达式运算后的结果作为元素创建了数值列表。这也是 Python 简洁和优雅的一种体现。

▶▶ 5.4.3 简单统计计算

Python 针对数值列表提供了几个内置函数，例如，求最小值的 min() 函数、求最大值的 max() 函数、求和的 sum() 函数。通过这些函数可以进行简单的数学运算。

【例 5-2】输入 5 位学生的考试成绩，统计并输出其中的最高分、最低分和平均分。

分析：使用 max() 函数和 min() 函数可以方便地得到最高分和最低分，但是却没有函数可以直接求出平均分。可以考虑使用 sum() 函数求出总分后除以人数求得平均分。

```
#根据输入的 5 位学生的考试成绩,求最高分、最低分和平均分
>>>score=eval(input("请输入 5 个学生的分数列表 \n"))
请输入 5 个学生的分数列表
[90,60,70,80,20]
>>>maxscore=max(score)
>>>minscore=min(score)
>>>avescore=sum(score)/len(score)
>>>print(maxscore)
>>>print(minscore)
>>>print(avescore)
90
20
64.0
```

代码第 4 行使用了 len() 函数来统计列表长度，这比直接使用数字 5 更具通用性。

📖 5.5 元组

Python 中的元组与列表类似，也是用来存放一组数据。两者的不同之处主要在于以下两点。

（1）元组使用圆括号()，列表使用方括号[ ]。

（2）元组的元素不能修改。

读者可以将元组理解为不能修改的"列表"，用来存放多个不能被修改的数据。因为其"元素不能修改"，所以列表中所有会修改元素的操作均不适合元组，除此以外，元组的操作和列表基本一致。

▶▶ 5.5.1 定义元组

前面已经提到，元组也是用来存放一组元素的，只是在表示元组的时候，将元素放置在"( )"中。

因此，定义元组最直接的方法就是将多个元素用","隔开放在"( )"中。

```
>>>myScores=(90,80,60,70,50)
>>>girl=("a","女",98)
```

除上述方法外，不带"（ ）"的多个数据用"，"隔开也可以定义元组。

```
>>>myScores=90,80,60,70,50
>>>print(myScores)
(90,80,60,70,50)
>>>print(type(myScores))
<class 'tuple'>
```

尤其是，当定义的元组只有 1 个元素时，一定要在该元素后加上一个"，"。否则，系统会将其视为单个数据。

```
>>>myname=("mygirl")
>>>print(myname)
mygirl
>>>print(type(myname))
<class 'str' >
>>>myname=("mygirl",)
>>>print(myname)
('mygirl',)
>>>print(type(myname))
<class 'tuple'>
```

从上面的示例可以很明显地看出，元组只有 1 个元素"mygirl"时，如果元素后不带"，"，则系统将其视作单个的字符串；当加上"，"后，就正确定义了一个元组，"mygirl"成为 myname 元组中的一个元素。

▶▶▶ 5.5.2　操作元组

元组是种特殊的列表，除元素不能修改外，其他很多特性都和列表类似。因此，为了便于读者理解和记忆，下面通过表 5-1 来比较列表和元组操作的异同点。

表 5-1　列表和元组操作的异同点

操作	列表	元组
读元素	√	√
写元素	√	×
append( )方法	√	×
insert( )方法	√	×
pop( )方法	√	×
del 命令	√	只支持删除整个元组
remove( )方法	√	×
len( )函数	√	√
in 运算	√	√

操作	列表	元组
not in 运算	√	√
index( )方法	√	√
count( )方法	√	√
遍历元素	√	√
sort( )方法	√	×
sorted( )函数	√	排序结果为列表
切片	√	√
+运算	√	√
*运算	√	√
extend( )方法	√	×
copy( )方法	√	×
赋值	√	√
max( )函数	适用于数值列表	适用于数值元组
min( )函数	适用于数值列表	适用于数值元组
sum( )	适用于数值列表	适用于数值元组

▶▶ 5.5.3 元组充当列表元素

介绍列表的时候提到过，列表元素的类型是不受限制的，所以元组也可以充当列表元素。

```
>>>team=[("A",90),("B",80)]
>>>print(team[0])
('A',90)
>>>print(team[0][0])
A
```

完成定义后，访问 team 列表的索引 0 元素，得到的是元组元素（"A",90）。而如果想访问索引 0 元素（"A",90）中的"A"，则需要再加一个针对元组的索引。所以在代码中使用 team[0][0]的方式读出了"A"。

按照上述的访问方式，下面来尝试将 team 列表中索引 0 元素中 90 改为 92。

```
>>>team[0][1]=92
TypeError:'tuple'object does not support item assignment
```

这一次，系统报错了！

对照代码，team[0] 访问的是列表中索引 0 元素，即元组（"A",90）；那么 team[0][1]

就是访问元组（"A",90）中索引为1的元素。回想一下元组"元素不能修改"的特性，就很容易明白系统报错的原因了。

　　为了实现上述的修改，可以换一种思路，用一个新的元组元素来替换原来的元组元素。

```
>>>team[0]=("A",92)
>>>print(team)
[('A',92),('B',80)]
```

5.6　转换函数

1. 元组与列表之间的转换

　　Python提供了两个转换函数，其中，tuple()函数用来将列表转换为元组，list()函数用来将元组转换为列表。

```
>>>aplay=("A","男",98)
print(aplay)
('A','男',98)
>>>laplay=list(aplay)
>>>print(laplay)
['A','男',98]
>>>listfen=[90,60,70,50,80]
>>>print(listfen)
[90,60,70,50,80]
>>>tfen=tuple(listfen)
>>>print(tfen)
(90,60,70,50,80)
```

2. 字符串与列表之间的转换

　　将字符串使用list()函数转换成列表，那么就会发现，转换后字符串中的单个字符依次成为列表元素。

```
>>>zm="A,B"
>>>zml=list(zm)
>>>print(zml)
['A',',','B']
```

　　示例代码中，字符串zm中存放了用","隔开的两个字母。经过list()函数转换后，两个字母单独成为列表元素。甚至，原字符串中用来分隔两个字母的逗号也单独成为列表元素。同样，如果有英文句子"I want to go home"，则其通过 list( ) 函数转换成列表后，还是会生成单字符为元素的列表。

```
>>>st="I want to go home"
>>>stl=list(st)
>>>print(stl)
['I',' ','w','a','n','t',' ','t','o',' ','g','o',' ','h','o','m','e']
```

这种结果虽然合理，却并不符合一些实际的需要，如按空格拆分英文句子、按逗号拆分中文字符串等。

3. split( )方法

split( )方法是处理字符串的方法，用来根据指定的分隔符拆分字符串，并生成列表。具体的语法格式如下：

```
列表=字符串.split(分隔符)
```

其中，如果省略分隔符，则默认按照空格拆分字符串。

```
>>>sentence="I want to go home"
>>>sentencelist=sentence. split()
>>>print(sentencelist)
['I','want','to','go','home']
>>>ctest="A,B"
>>>csplit=ctest. split(",")
>>>print(csplit)
['A','B']
```

字符串的 split( )方法提供了一种更为人性化的途径将字符串拆分并生成列表。这在文本处理和分析中会经常使用到。

5.7　列表与元组应用实例

【例5-3】 筛选法求素数。

分析：筛选法求素数是通过验证"是否能被已知素数整除"的方法在指定范围内筛选出素数。以筛选 100 以内的素数为例，其筛选步骤可分解如下。

（1）将 100 以内的整数均标记为"素数"。

（2）将明显不是素数的 1 标记为"非素数"。

（3）将能被素数 2 整除的所有数标记为"非素数"。

（4）找到下一个素数，将能被其整除的所有数标记为"非素数"；重复该操作，直到最后一个素数。

（5）输出所有标记为"素数"的数，完成筛选。

进一步分析上述各步骤，100 以内的整数是连续变化的，这和列表的索引是一致的。所以，可以尝试定义一个长度为 100 的列表，将其索引对应 100 以内的整数（索引 0 不使用）。这样的话，"素数"或"非素数"的标记，就可以通过索引对应的元素值来体现，而一次次"找到下一个素数，将能被其整除的所有数标记为'非素数'"的操作就可以通过列表的遍历来实现了。

```
primes=[1] * 100
primes[0:2]=[0,0]
for i in range(2,100):
    if primes[i]==1:
        for j in range(i+1,100):
            if(primes[j]!=0 and j% i==0):
                primes[j]=0
print("100 以内的素数包括:")
for i in range(2,100):
    if primes[i]:
        print(i,end=",")
```

运行结果：

```
100 以内的素数包括：
2,3,5,7,11,13,17,19,23,29,31,37,41,43,47,53,59,61,67,71,73,79,83,89,97,
```

【例 5-4】 二分查找。

分析：二分查找是一个经典的算法，用来在一组有序的数中快速找到待查的数。所谓"二分"，就是每次操作都将查找范围一分为二，即将查找区间缩小一半，直到找到或查询了所有区间都没有找到要查找的数据为止。

下面通过在元素取值为 1~10 的有序数列 ls 中查找值为 3 的元素 x 的过程来讲解二分查找算法。

（1）确定初始查找范围的最小索引 low、最大索引 high 和中间索引 mid，如图 5-1 所示。

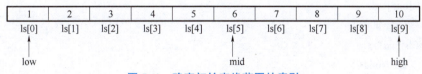

图 5-1　确定初始查找范围的索引

（2）比较区间中间元素 ls[mid]和 x 的值：

① 如果相等，则找到 x，输出索引，结束查找；

② 如果 x>ls[mid]，确定[mid+1,high]为下一次查找区间，重新赋值 low，继续执行（3）；

③ 如果 x<ls[mid]，确定[low,mid-1]为下一次查找区间，重新赋值 high，继续执行（3）。

根据 ls[mid] 和 x 的比较结果确定下一次查找区间，如图 5-2 所示。

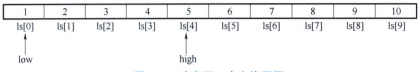

图 5-2　确定下一次查找区间

根据 ls[mid] 和 x 的比较结果确定下一次查找区间。

（3）计算新的 mid，重复（2）直到找到 x，或者遍历所有区间，没有发现 x。直到 low==2，high==4，mid==2 时，找到 x，如图 5-3 所示。

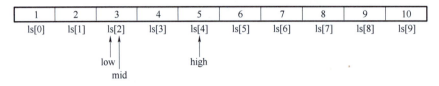

图 5-3　计算新的 mid 并重复查找

上面给出了一种能找到 x 的情况，那么当要查找的元素不在列表中呢？这时就应该遍历所有的区间。如何确定已经"遍历过"所有的区间呢？如图 5-3 所示，可以发现不管如何缩小查找区间，low 都应该小于 high 的值，且越来越靠近。但是当列表中不存在 x 的时候，却会出现 low 和 high 越来越近，直到"擦肩而过"、low 大于 high 的情况。这时就可以确认，已经"遍历过"整个列表了，但是没有发现 x。读者可以将 x 取值为列表外的任意一个元素，验证一遍这个过程。

```python
ls=[34,64,67,72,73,82,83,85,87,88,90,91,96,98]
x=int(input("请输入需要查找的数据:"))
low=0
high=len(ls)-1
print(low,high)
while low<high:
    mid=(low+high)//2
    if ls[mid]<x:
        low=mid+1
    elif ls[mid]>x:
        low=mid-1
    else:
        print("yes")
        break
else:
    print("no")
```

第 7 行计算 mid 的取值时使用了整除运算符"//"，保证用于列表的索引都是整数。

5.8　本章小结

在 Python 中，列表是一个有序的集合，声明一个列表并赋值非常简单。列表元素用方括号[ ]括起来，元素之间用英文逗号分隔。可以使用"[ ]"或"[:]"访问元素，访问列表中的单个数据项，或者一个子列表。删除指定位置或范围的列表元素可以使用 del 语句，del 语句也可以删除整个列表。如果需要删除匹配元素内容的数据项，则可以使用列表的 remove( )方法，也可以使用 pop( )方法移除列表中的一个元素。在实际应用中，经常需要对列表进行排序。Python 提供了列表的 sort( )方法和内置函数 sorted( )对列表进行排序。默认排序规则是：如果列表中的元素都是数字，则按照从小到大的顺序排列；如果元素都是字符串，则会按照字符表顺序升序排列。

列表总结：

（1）列表中的每一个元素都是可变的；

（2）列表中的元素是有序的，也就是说每一个元素都有一个位置；

（3）列表可容纳 Python 中的任何对象。

元组总结：

（1）元组中的数据一旦定义就不允许更改；

（2）元组没有 append( )或 extend( )方法，无法向元组中添加元素；

（3）元组没有 remove( )或 pop( )方法，不能从元组中删除元素。

元组与列表相比有下列优点：

（1）元组的速度比列表更快。如果定义了一系列常量值，而所需做的仅是对它进行遍历，那么一般使用元组而不用列表。

（2）元组对不需要改变的数据进行"写保护"将使得代码更加安全。

（3）一些元组可用作字典键（特别是包含字符串、数值和其他元组这样的不可变数据的元组）。列表永远不能当作字典键使用，因为列表是可变的。

5.9　练习题

1. 已知有列表[54,36,75,28,50]，请根据要求完成以下操作：

（1）在列表尾部插入元素 42；

（2）在 28 前面插入元素 66；

（3）删除并输出元素 28；

（4）将列表按降序排列；

（5）清空整个列表。

2. 使用列表生成式生成列表，其元素为 100 以内所有能被 3 整除的正数。

3. 输入一句英文句子，求其中最长单词的长度。

注意：可以使用 split( )方法将英文句子中的单词分离出来存入列表后处理。

4. 创建长度为 20 的列表，其元素为 100~5 000 以内的随机整数。编程找出列表中不能被 10 以内素数整除的元素。

第6章 字典与集合

本章要点

- 字典的建立与遍历
- 字典与其他数据的组合
- 字典常用方法
- 字典的示例
- 集合的建立与访问
- 集合的常用方法
- 更高级的字典与集合
- 集合的示例

6.1 字典

前面章节中介绍的列表与元组是依据元素出现的次序进行组织的一种数据结构，通过元素的特定位置（索引）获取元素的内容。本章主要介绍一种 Python 中内置的、非常有用的数据结构：字典（dictionary）。字典是一种称为映射类型（mapping type）的非序列数据结构，它通过一个无序的键值对来组织数据。其中，键必须使用不可变类型，如 int、float、complex、string 等类型，list 和包含可变类型的 tuple 不能作为键。在同一个字典中，键必须互不相同。

6.1.1 字典的概念

字典可以看成是一种列表型的数据结构，但是它的元素是按照"键-值"的方式配对存储在内存中，通过键（key）取得值（value）的内容，如图 6-1 所示。

定义字典时将键值对放在大括号"{}"中，多个键值对使用逗号","分隔。语法格式如下：

字典名称 = {键 1:值 1,键 2:值 2,…,键 n:值 n}

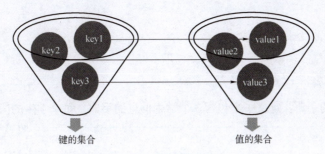

键的集合　　　　　　　　　　值的集合

图 6-1　字典结构示意图

字典的值可以是任何 Python 对象，如数值、字符串、列表、元组甚至字典。
以超市为例，定义产品价格的字典，然后输出定义数据的类型和内容：

```
#创建超市价格字典
水果 = {'苹果': 5.6, '葡萄': 8.8, '油桃': 9.8, '西瓜': 3.8, '香蕉': 6.9}
蔬菜 = {'茄子': 1.9, '黄瓜': 2.1,'白菜': 1.25,'西红柿': 1.98, '香菇': 5.8}

print(type(水果))
print(蔬菜)
```

运行结果：

```
<class 'dict'>
{'茄子': 1.9, '黄瓜': 2.1, '白菜': 1.25, '西红柿': 1.98, '香菇': 5.8}
```

我们知道，在计算机屏幕上显示的颜色是 RGB 格式，一个颜色值用一个三元组表示，
则"颜色名：颜色值"可以用字典格式表示：

```
#创建 RGB 颜色字典
红绿蓝 = {'red': (255, 0, 0), 'green': (0, 255, 0), 'blue': (0, 0, 255)}
黑白 = {'black': (0, 0, 0), 'white': (255, 255, 255)}
y_p_c = {'黄': (255, 255, 0), '粉': (255, 192, 203), '青': (0, 255, 255)}
棕紫橙 = {'brown':(128, 42, 42), 'purple': (160, 32, 240), 'orange': (255, 97, 0)}

print(type(棕紫橙))
print(y_p_c)
```

运行结果：

```
<class 'dict'>
{'黄': (255,255,0), '粉': (255,192,203), '青' :(0,255,255)}
```

当然，还可以创建空字典或结构复杂的字典：

```
#创建空字典
data = {}
print(type(data))
print(data)
```

运行结果：

```
<class 'dict'>
{}
```

创建包含字典的字典：定义一个包含 3 个学生信息的字典，每个学生的信息也是一个字典。

```
#创建包含字典的字典
stu_info = {
    '王明': {'sex': 'M','age': '15'},
    '李红': {'sex': 'F','age': '14'},
    '张芳': {'sex': 'F','age': '14'}
}

print(type(stu_info))
print(stu_info)
```

运行结果：

```
<class 'dict'>
{'王明': {'sex': 'M', 'age': '15'}, '李红': {'sex': 'F', 'age': '14'},'张芳': {'sex': 'F', 'age': '14'}}
```

结合列表和元组的知识，也可以将字典和它们结合，创建出包含字典元素的列表、元组或者包含列表、元组元素的字典：

```
#创建包含字典元素的列表
stu_info1 = {'name': '王明', 'sex': 'M', 'age': '15'}    #定义字典 stu_info1 并赋值
stu_info2 = {'name': '李红','sex': 'F', 'age': '14'}     #定义字典 stu_info2 并赋值
stu_info3 = {'name': '张芳', 'sex': 'F', 'age': '14'}    #定义字典 stu_info3 并赋值
student = [stu_info1, stu_info2, stu_info3]              #定义包含学生信息的列表

#创建包含列表元素的字典
stu_class = {
    '王明': ['数学', '语文'],
    '李红': ['语文', '艺术'],
    '张芳': ['数学', '音乐', '体育'],
} #定义字典并赋值,字典中的值为列表
print(type(student))
print(type(stu_class))
```

运行结果：

```
<class 'list'>
<class 'dict'>
```

▶▶ 6.1.2 使用 dict() 函数定义字典

Python 提供了一个字典声明函数 dict()，可以方便地定义字典以及将其他对象转换为字典。dict() 函数的使用与 list() 函数、tuple() 函数类似，可直接创建一个空字典。

```
>>>d = dict()
>>>print(type(d))
>>>print(d)
```

运行结果：

```
<class 'dict'>
{}
```

从运行结果可以看出，使用 dict() 函数与{}一样，都会在内存中创建一个空的字典，大家可以根据自己的习惯选择使用。Python 为每种数据类型均定义了对应的构造函数，如表 6-1 所示。

表 6-1　内置的构造函数

数据类型	构造函数	数据类型	构造函数	数据类型	构造函数
整数类型	int()	浮点类型	float()	复数类型	complex()
列表类型	list()	元组类型	tuple()	字符串类型	str()
字典类型	dict()	集合类型	set()		

dict() 函数与其他可迭代对象组合，可以很方便地创建出不同的字典：

```
d = dict([['name', 'Alice'], ['age', 42], ['phone','3152']])
print(d)

#使用 zip()函数将两个对象一一对应成键值对的形式
d = dict(zip('abc', [1, 2, 3]))
print(d)

#使用 range 对象组成键值对
d = dict(zip(range(10), range(10, 110, 10)))
print(d)

#使用 enumerate()函数将字符串分解并转为字典
d = dict(enumerate('Python'))
print(d)

#以参数的形式制定键和值
大哥 = dict(name='刘备', weapon='双股剑', buge=65)
```

```
二弟 = dict(name='关羽', weapon='青龙偃月刀', buge=86)
三弟 = dict(name='张飞', weapon='丈八蛇矛', buge=74)
d = [大哥, 二弟, 三弟]
print(d)
```

运行结果：

```
{'name': 'Alice', 'age': 42, 'phone': '3152'}
{'a': 1, 'b': 2, 'c': 3}
{0: 10, 1: 20, 2: 30, 3: 40, 4: 50, 5: 60, 6: 70, 7: 80, 8: 90, 9: 100}
{0: 'P', 1: 'y', 2: 't', 3: 'h', 4: 'o', 5: 'n'}
[{'name': '刘备', 'weapon': '双股剑', 'buge': 65}, {'name': '关羽', 'weapon': '青龙偃月刀', 'buge': 86},
 {'name': '张飞', 'weapon': '丈八蛇矛', 'buge': 74}]
```

还可以使用 fromkeys( )方法创建具有相同默认值的字典：

```
#使用 fromkeys()方法创建带默认值的字典
>>>d =dict.fromkeys('abc',0)


>>>print(d)
```

运行结果：

```
{'a':0,'b':0,'c':0}
```

▶▶ 6.1.3 使用推导式创建字典

可以使用推导式建立字典，称为字典推导式。
示例一：

```
#通过推导式创建字典,输出常见字符及其 ASCII 码
d = {chr(num):num for num in range(32,100)}
print(d)
```

运行结果：

```
{' ': 32, '!': 33, ' " ': 34, '#': 35,' $ ': 36, '%': 37, '&': 38, " '": 39, '(': 40, ')': 41, ' * ': 42, '+': 43, ',': 44, ' - ': 45, '.'
: 46, '/': 47, '0': 48, '1': 49, '2': 50, '3': 51, '4': 52, '5': 53,'6': 54, '7': 55, '8': 56, '9': 57, ':': 58, ';': 59, '<': 60, '='
: 61, '>': 62, '?': 63, '@': 64, 'A': 65, 'B': 66, 'C': 67, 'D': 68, 'E': 69, 'F': 70, 'G': 71, 'H': 72, 'I': 73, 'J': 74, 'K':
75, 'L': 76, 'M': 77, 'N': 78, 'O': 79, 'P': 80, 'Q': 81, 'R': 82, 'S': 83, 'T': 84, 'U': 85, 'V': 86, 'W': 87, 'X': 88, 'Y':
89, 'Z': 90, '[': 91, '\\': 92, ']': 93, '^': 94, '_': 95, '`': 96, 'a': 97, 'b': 98, 'c': 99}
```

示例二：

```
#通过推导式创建字典,产生不同 RGB 颜色值
from random import randint
```

```
a, b = 0, 256
names = 'abcdefg'
colors = {c: (randint(a, b), randint(a, b), randint(a, b))for c in names}
print(colors)
```

运行结果：

```
{'a': (10, 28, 86),
 'b': (201, 50, 123),
 'c': (231, 100, 49),
 'd': (112, 81, 75),
 'e': (200, 238, 16),
 'f': (236, 85, 141),
 'g': (89, 171, 37)}
```

▶▶ 6.1.4 使用其他方式创建字典

Python 提供了很多方式来创建字典，在很多场景中都需要使用字典数据结构来解决问题，下面再介绍一些其他创建字典的方法。

1. 使用 map( ) 函数代替推导式

示例如下：

```
d = map(lambda num: [chr(num), num], range(32, 100))
print(d)
print(dict(d))
```

运行结果：

```
<map object at 0x7fd608ff5e80>
{' ': 32, '!': 33, '"': 34, '#': 35,' $ ': 36, '%': 37, '&': 38, " '": 39, '(': 40, ')': 41, ' * ': 42, '+': 43, ',': 44, '-': 45, '.'
: 46, '/': 47, '0': 48, '1': 49, '2': 50, '3': 51, '4': 52, '5': 53, '6': 54, '7': 55, '8': 56, '9': 57, ':': 58, ';': 59, '<': 60, '='
: 61, '>': 62, '? ': 63, '@': 64, 'A': 65, 'B': 66, 'C': 67, 'D': 68, 'E': 69, 'F': 70, 'G': 71, 'H': 72, 'I': 73, 'J': 74, 'K':
75, 'L': 76, 'M': 77, 'N': 78, 'O': 79, 'P': 80, 'Q': 81, 'R': 82, 'S': 83, 'T': 84, 'U': 85, 'V': 86, 'W': 87, 'X': 88, 'Y':
89, 'Z': 90, '[': 91, '\\': 92, ']': 93, '^': 94, '_': 95, '`': 96, 'a': 97, 'b': 98, 'c': 99}
```

可以看到不同的代码得到的结果相同，但是使用 map( ) 函数执行的效率要高于推导式，建议使用 map( ) 函数代替推导式。

2. 使用 collections 模块中的类创建字典

在 collections 模块中有 3 个类可以用来创建字典，包括 defaultdict、OrderedDict 和 Counter，下面通过代码说明。

```
from collections import defaultdict

#创建4个默认字典对象,分别设置默认值为整数3、空集合、字符 * 和空列表
```

```
dict1 = defaultdict(lambda: 3)

dict2 = defaultdict(set)

dict3 = defaultdict(lambda: ' * ')

dict4 = defaultdict(list)


#输出 4 个字典对象中不存在的对象[1]

print(dict1[1])

print(dict2[1])

print(dict3[1])

print(dict4[1])
```

运行结果：

```
3
set()
 *
[]
```

defaultdict 是内置数据类型 dict 的一个子类，基本功能与 dict 一样，使用 dict 字典类型时，如果引用的 key 不存在，就会抛出 KeyError 异常。如果希望 key 不存在时，返回一个默认值，就可以用 defaultdict 类。使用时要注意，defaultdict 类中要求参数是一个函数名，可以是正常的函数或匿名函数。

```
from collections import OrderedDict


#创建有序字典

dic = OrderedDict()

#在字典中插入 3 个元素

dic['k1'] ='v1'

dic['k3'] ='v3'

dic['k2'] ='v2'


#输出 dic 对象 3 次

for i in range(3):

    print(dic)
```

运行结果：

```
OrderedDict([('k1', 'v1'), ('k3', 'v3'), ('k2', 'v2')])
OrderedDict([('k1', 'v1'), ('k3', 'v3'), ('k2', 'v2')])
OrderedDict([('k1', 'v1'), ('k3', 'v3'), ('k2', 'v2')])
```

OrderedDict 类似于正常的词典，只是它记住了元素插入的顺序，当在有序的词典上迭代时，返回的元素就是它们第一次被添加的顺序。这样 dic 就是一个有序的字典。

使用 dict( ) 时，key 是无序的。在对 dic 作迭代时，无法确定 key 的顺序。但是如果想要保持 key 的顺序，可以用 OrderedDict。

Counter（计数器）以字典的形式返回序列中各个字符出现的次数，字符为 key，次数为 value。Counter 是对字典类型的补充，用于追踪字符的出现次数。

```
#统计字符出现的次数
dict1 = Counter('hello world')
#统计单词数
dict2 = Counter('hello world hello world hello nihao'.split())

print(dict1)
print(dict2)
```

运行结果：

```
Counter({'l': 3, 'o': 2, 'h': 1, 'e': 1, ':1, 'w': 1, 'r': 1, 'd': 1})
Counter({'hello': 3, 'world': 2, 'nihao': 1})
```

6.2 字典的操作

6.2.1 使用键检索

字典的元素是按照键值对配对存储的，如果想要得到元素的值，需要将"键"当作索引处理，因此字典内的元素具有不可重复的键。读取字典中的数据时，按照"字典变量[键]"格式使用。

示例代码如下：

```
#读取字典中的元素值
print(水果['葡萄'])
print(蔬菜['白菜'])

print(棕紫橙['purple'])

print(stu_info['张芳'])
```

运行结果：

```
8.8
1.25
(160, 32, 240)
{'sex': 'F', 'age': '14'}
```

对于复杂的字典（字典中的元素是字典），仍然按照读取字典元素的基本格式进行多次使用：

```
#读取字典中的字典的元素值
>>>print(stu_info['张芳']['age'])
```

运行结果：

```
14
```

从上面的代码可知，当字典中包含需要检索的键时，可以非常简单快速地获得对应的值，如果字典中没有需要检索的键，则会返回一个异常。如果不希望出现这样的异常，建议使用 defaultdict。代码如下：

```
水果 = {'苹果':5.6,'葡萄':8.8,'油桃':9.8,'西瓜':3.8,'香蕉':6.9}
蔬菜 = {'茄子':1.98,'黄瓜':2.1,'白菜':1.25,'西红柿':1.98,'香菇':5.8}

print(水果['菠萝'])
```

运行结果：

```
----------------------------------------------------------------------------------------
KeyError                                      Traceback(most recent call last)
/var/folders/87/11c2xhm14×59njrw_938wwm40000gn/T/ipykernel_35362/3604316349.py in <cell line:4>()
      2 蔬菜={'茄子': 1.98,'黄瓜': 2.1, '白菜': 1.25, '西红柿': 1.98, '香菇': 5.8}
      3
---->4 print(水果['菠萝'])

KeyError: '菠萝'
```

下面使用 defaultdict 类构建"饮料"对象，然后检索键"红茶"对应的值，看看会出现什么样的结果。

```
from collections import defaultdict

饮料 = defaultdict(int)
饮料['王老吉'] = 12.5
饮料['冰红茶'] = 4.5

print(饮料)
print(饮料['红茶'])
```

运行结果：

```
defaultdict(<class 'int'>, {'王老吉': 12.5, '冰红茶': 4.5})
0
```

代码中创建了一个具有整数类型默认值的字典，并添加了 2 个键值对，在检索不存在的键"红茶"时返回默认值"0"，而不是抛出 KeyError 异常。这样可以避免异常处理机制的过度使用，让代码更简洁，更容易理解。

▶▶ 6.2.2　检索全部的键和值

在前一节中，我们知道可以通过"字典[键]"的形式检索字典中的值。当我们不知道字典中键的名称时，应该如何操作呢？Python 提供了方法 keys()和 values()。前者返回一个键的视图，后者返回全部值的视图。代码如下：

```
#输出蔬菜对象的键视图与值视图
print(蔬菜.keys())
print(蔬菜.values())


#通过 for 遍历结构输出键视图的内容
for key in 蔬菜.keys():
    print(key, end=', ')
print()
#通过 for 遍历结构输出值视图的内容
for value in 蔬菜.values():
    print(value, end=', ')
```

运行结果：

```
dict_keys(['茄子', '黄瓜', '白菜', '西红柿', '香菇'])
dict_values([1.98,2.1,1.25,1.98,5.8])
茄子, 黄瓜, 白菜, 西红柿, 香菇,
1.98, 2.1, 1.25, 1.98, 5.8,
```

上述代码中，通过字典类提供的方法 keys()和 values()得到两个视图，然后使用 for 遍历视图。Python 的 dict 类还有一个 items()方法，使用该方法可以同时得到键集合和值集合，这样就可以将两个 for 循环整合在一个结构中，方便使用。可以根据实际问题的需要灵活选择这 3 个方法。

```
#使用 items()方法获得键集合和值集合
print(蔬菜.items())

for key,value in 蔬菜.items():
    print(f'{key}:{value}',end=',')
```

运行结果：

```
dict_items([('茄子', 1.98),('黄瓜', 2.1),('白菜', 1.25),('西红柿', 1.98),('香菇',5.8)])
茄子: 1.98, 黄瓜: 2.1, 白菜: 1.25, 西红柿: 1.98, 香菇: 5.8,
```

6.2.3 修改字典的内容

对字典的修改与对其他集合类型数据的修改大同小异，都包括修改、增加、删除。下面通过代码来说明。

修改和增加字典元素的基本格式为"d[k]=new_value"。如果键 k 在字典 d 中存在，则用赋值符号右侧的新值 new_value 替换键对应的旧值，否则在字典 d 中增加一个"k-new_value"对。代码如下：

```
from collections import defaultdict

饮料 = defaultdict(int)
饮料['王老吉'] = 12.5
饮料['冰红茶'] = 4.5
print(饮料)

饮料['可口可乐'] = 3.0
饮料['王老吉'] = 6.0
print(饮料)
```

运行结果：

```
defaultdict(<class 'int'>, {'王老吉': 12.5, '冰红茶': 4.5})
defaultdict(<class 'int'>, {'王老吉': 6.0, '冰红茶': 4.5, '可口可乐': 3.0})
```

上述代码先修改了键"王老吉"的值，然后增加了键值对"可口可乐-3.0"。如果需要删除字典中的元素，则可以使用 del 符号，具体的格式为"del d[k]"，表示删除字典 d 中键为 k 的键值对，如果键 k 存在，则删除键 k 对应的值，否则返回 KeyError 异常。

```
#删除字典对象蔬菜中的项目西红柿
蔬菜 = {'茄子': 1.98, '黄瓜': 2.1, '白菜': 1.25, '西红柿': 1.98, '香菇': 5.8}
print(蔬菜)

del 蔬菜['西红柿']
print(蔬菜)
del 蔬菜['小米']
```

运行结果：

```
{'茄子': 1.98, '黄瓜': 2.1, '白菜': 1.25, '西红柿': 1.98, '香菇': 5.8}
{'茄子': 1.98, '黄瓜': 2.1, '白菜': 1.25, '香菇': 5.8}
-----------------------------------------------------------------------------------------------
KeyError                                          Traceback(most recent call last)
/var/folders/87/11c2xhm14x59njrw_938wwm40000gn/T/ipykernel_35362/313104040.py in<cell line:7>()
     5 del 蔬菜['西红柿']
     6 print(蔬菜)
```

```
---->7 del 蔬菜['小米']

KeyError: '小米'
```

可以看到删除前与删除后字典的内容发生了改变。另外，del 语句不仅可以用来删除字典中的元素，也可以删除整个字典。具体语法为"del 字典"，代码如下：

```
#使用 del 删除整个字典
del 蔬菜
print(蔬菜)
```

运行结果：

```
------------------------------------------------------------------------------------------
File"/var/folders/87/11c2xhm14x59njrw_938wwm40000gn/T/ipykernel_35362/3396289372.py",line 3
print(蔬菜)
     ^
SyntaxError: invalid character in identifier
```

通过运行结果看到，在删除字典对象"蔬菜"后执行 print( )函数会抛出一个语法异常，表明不存在这个对象。

6.2.4　常用的函数和方法

和其他内置类型一致，字典也提供了大量的方法，可以使用 dir(dict)查看，例如：

```
#使用 dir()查看 dict 内置的方法
>>>print([item for item in dir(dict) if item[:2]! ='__'])
['clear', 'copy', 'fromkeys', 'get', 'items', 'keys', 'pop', 'popitem', 'setdefault', 'update', 'values']
```

上述代码使用列表推导式得到字典内置成员和方法的集合，然后通过 if 条件过滤掉私有成员，只保留方法。字典的方法如表 6-2 所示。

表 6-2　字典的方法

方法	功能描述
clear( )	不接收参数，删除当前字典对象中的所有元素，没有返回值
copy( )	不接收参数，返回当前字典对象的浅复制
fromkeys(iterable , value = None ,／)	以参数 iterable 中的元素为"键"、以参数 value 为"值"创建并返回字典对象。字典中所有元素的"值"都是一样的，要么是 None，要么是参数 value 指定的值
get(key , default = None ,／)	返回当前字典对象中以参数 key 为"键"对应的元素"值"，如果当前字典对象中没有以 key 为"键"的元素，则返回 default 的值

方法	功能描述
items()	不接收参数，返回当前字典中所有项目，结果为 dict_items 对象，其中每个元素形式为元组(key,value)，dict_items 对象可以和集合进行并集、交集、差集等运算
keys()	不接收参数，返回当前字典对象中所有的"键"，结果为 dict_keys 类型的可迭代对象，可以直接和集合进行并集、交集、差集等运算
pop(k[,d])->v	删除以 k 为"键"的元素，返回对应的"值"，如果当前字典中没有以 k 为"键"的元素，则返回参数 d，此时如果没有指定参数 d，则抛出 KeyError 异常
popitem()	不接收参数，删除元素并按 LIFO（后进先出）顺序返回一个元组(key, value)，如果当前字典为空，则抛出 KeyError 异常
setdefault(key,default=None,/)	如果当前字典对象中没有以 key 为"键"的元素，则插入以 key 为"键"、以 default 为"值"的新元素并返回 default 的值，如果当前字典中有以 key 为"键"的元素，则直接返回对应的"值"
update([E,]**F)->None	使用 E 和 F 中的数据对当前字典对象进行更新，**表示参数 F 只能接收字典关键字参数，该方法没有返回值
values()	不接收参数，返回包含当前字典对象中所有"值"的 dict_values 对象，不能和集合进行任何运算

下面对这些方法进行简单的代码演示，以便读者加深理解。

```
#使用 copy()复制整个字典,得到字典的副本
x= 蔬菜.copy()
print(x)
print(蔬菜)
print(id(x),id(蔬菜))
```

运行结果：

```
{'茄子': 1.98, '黄瓜': 2.1, '白菜': 1.25, '西红柿': 1.98, '香菇': 5.8}
{'茄子': 1.98, '黄瓜': 2.1, '白菜': 1.25, '西红柿': 1.98, '香菇': 5.8}
140558051541184 140558050564672
```

运行结果显示我们得到了两个内容相同的字典对象。可以分别对两个字典对象进行增加、删除、修改等操作。因为它们的内存地址不同，所以它们是两个独立的对象。此处的 copy() 方法执行的是浅复制，但是体现出深复制的效果。从下面的代码可以看出 copy() 方法在一级对象上是深复制，在二级对象上是浅复制。

```
>>>x= {'username': 'admin', 'machines': ['foo', 'bar', 'baz']}
>>>y = x.copy()
>>>x['username'] = 'mlh'
>>>y['machines'].remove('bar')
```

```
>>>print(x)
>>>print(y)
```

运行结果：

```
{'username': 'mlh', 'machines': ['foo', 'baz']}
{'username': 'admin', 'machines': ['foo', 'baz']}
```

由于这涉及 Python 和解释器内部复杂的机制，所以不进行详细的解释。仅请大家记住，如果需要创建出完全独立于原对象的副本，请使用 copy 模块中的 deepcopy( )方法。

在前面的内容中介绍了对字典元素进行访问时，为避免"键"不存在出现异常导致程序无法运行，可以使用 defaultdict 类代替 dict 类。如果不使用 defaultdict 类的话，也可以使用 dict 类中的 get( )方法。该方法允许在调用时设置 default 值，而且即使不设置 default 值，get( )方法也会返回一个 None 值，这样代码的健壮性会更好。

```
>>>水果 = {'苹果': 5.6, '葡萄': 8.8, '油桃': 9.8, '西瓜': 3.8, '香蕉': 6.9}
>>>print(水果.get('柠檬'))
>>>print(水果.get('莲雾', 15.0))
```

运行结果：

```
None
15.0
```

pop( )方法和 popitem( )方法都可以删除字典元素，区别是 pop( )方法删除指定键及其对应的值，而 popitem( )方法删除的是最后添加到字典的键值对。

```
蔬菜 = {'茄子': 1.98, '黄瓜': 2.1,'白菜': 1.25, '西红柿': 1.98, '香菇':5.8}
蔬菜.pop('黄瓜')
print(蔬菜)
print(蔬菜.pop('洋葱', 0))
蔬菜.pop('芹菜')
```

运行结果：

```
{'茄子': 1.98, '白菜': 1.25,'西红柿': 1.98, '香菇': 5.8}
0
-------------------------------------------------------------------------------------------------
KeyError                                                    Traceback(most recent call last)
/var/folders/87/11c2xhm14×59njrw_938wwm40000gn/T/ipykernel_35362/2346046909.py in<cell line:5>()
     3 print(蔬菜)
     4 print(蔬菜.pop('洋葱', 0))
---->5 蔬菜.pop('芹菜')

KeyError:'芹菜'
```

如果不设置默认值，pop( )方法有可能出现异常。

```
蔬菜 = {'茄子': 1.98, '黄瓜': 2.1, '白菜: 1.25, '西红柿': 1.98, '香菇': 5.8}
蔬菜['洋葱'] = 3.6
print(蔬菜)
蔬菜.popitem()
print(蔬菜)
```

运行结果：

```
{'茄子': 1.98, '黄瓜': 2.1, '白菜': 1.25, '西红柿': 1.98, '香菇': 5.8, '洋葱': 3.6}
{'茄子': 1.98, '黄瓜': 2.1, '白菜': 1.25, '西红柿': 1.98, '香菇': 5.8}
```

从运行结果可以看到，popitem( )方法删除了最后添加到字典的键值对。

▶▶ | 6.2.5　字典的合并与排序

有两个字典，现在需要将二者合并为一个字典，可以使用 update( )方法完成。该方法会更新调用方法的字典内容，作为参数的字典内容不会发生变化。

```
水果 = {'苹果': 5.6, '葡萄': 8.8, '油桃': 9.8, '西瓜': 3.8, '香蕉': 6.9}
蔬菜 = {'茄子': 1.98, '黄瓜': 2.1, '白菜': 1.25, '西红柿': 1.98, '香菇': 5.8}

水果.update(蔬菜)
print(水果)
```

运行结果：

```
{'苹果': 5.6, '葡萄': 8.8, '油桃': 9.8, '西瓜': 3.8, '香蕉': 6.9, '茄子': 1.98, '黄瓜': 2.1, '白菜': 1.25,
 '西红柿': 1.98, '香菇': 5.8}
```

字典的合并操作也可以通过 for 循环完成，但是 update( )方法更简洁，执行效率更高。参考代码如下：

```
水果 = {'苹果':5.6,'葡萄':8.8,'油桃':9.8,'西瓜':3.8,'香蕉':6.9}
蔬菜 = {'茄子':1.98,'黄瓜':2.1,'白菜':1.25,'西红柿':1.98,'香菇':5.8}

for k,v in 蔬菜.items():
    水果[k] = v
print(水果)
```

对比上面两个代码，可以看到 update( )方法确实简洁明了。如果需要对字典进行排序，则可以使用 sorted( )函数。若将字典对象作为 sorted( )函数的参数，则默认会按照"键"的 ASCII 码升序排列；如果需要按照"值"的顺序排列，则需要再使用匿名函数 lambda 来完成，代码如下：

```
蔬菜 = {'茄子': 1.98, '黄瓜': 2.1, '白菜': 1.25, '西红柿': 1.98, '香菇': 5.8}
print(sorted(蔬菜.items()))
print(sorted(蔬菜.items(), key=lambda d:d[1]))
```

运行结果：

```
[('白菜', 1.25), ('茄子', 1.98), ('西红柿', 1.98), ('香菇', 5.8), ('黄瓜', 2.1)]
[('白菜', 1.25), ('茄子', 1.98), ('西红柿', 1.98), ('黄瓜', 2.1), ('香菇', 5.8)]
```

代码中的第一个排序使用字典对象"蔬菜"的 items( )方法，对"键"进行升序排列；第二个排序使用关键字参数"key"和匿名函数"lambda d:d[1]"，得到的排序结果是按照"值"的大小升序排列。

▶▶▶ 6.2.6　示例解析

通过前面的学习，我们知道了字典可以简化复杂问题的代码，减少循环和分支结构的使用，使生成的程序更容易阅读，下面通过两个例子来进一步体会字典的方便与简洁。

【例6-1】DNA 链互补配对。在 DNA 序列中，碱基 A 与 T 是互补的，C 和 G 是互补的。DNA 序列 s 的反向互补序列是将 s 的碱基反向排序，然后取其互补碱基而组成的序列 c。例如，DNA 序列 AAAACCCGGT 的反向互补序列是 ACCGGGTTTT。

代码如下：

```
#先定义一个生成互补序列的函数：
def gen_rev(seq):
    #定义碱基对应关系的字典
    complement = {'C': 'G', 'G': 'C', 'T': 'A','A': 'T'}
    #保存结果的字符串
    rev_dna = ''
    #遍历输入碱基序列，生成对应的互补碱基序列
    for i in list(seq):
        rev_dna += complement[i]
    #将结果反序返回
    return rev_dna[::-1]

##--main--
s ='AAAACCCGGT'#->'TGGCCCAAAA'->'ACCGGGTTTT'
print(gen_rev(s))
```

运行结果：

```
ACCGGGTTTT
```

```
#使用循环与分支结构生成对应的互补碱基序列
def rev_comp(seq):
    """输出 DNA 序列 s 的反向互补序列"""
    sc = ''                      #空字符串
    for i in reversed(seq):      #将 seq 序列反序后遍历
        #通过分支结构判断碱基如何配对
        if i == 'A':
            sc += 'T'#字符串连
        elif i == 'C':
            sc += 'G'
        elif i == 'G':
            sc += 'C'
        elif i == 'T':
            sc += 'A'
    return sc


##--main--
s ='AAAACCCGGT'#->'TGGCCCAAAA'->'ACCGGGTTTT'
print(rev_comp(s))
```

运行结果：

```
ACCGGGTTTT
```

对比上面两段代码，可以看到字典明显比分支结构更简洁清晰。

【例6-2】对学生期末的考试成绩进行统计，将考试成绩按照优秀、良好、中等、及格和不及格进行归类，并统计各分数段的人数。

```
#导入升级版输出函数
from rich import print

#学生考试成绩数据
scores = [89, 70, 49, 87, 92, 84, 73, 71, 78, 81, 90, 38, 77, 72, 81, 79, 80, 82, 75, 90, 54, 80, 70, 68, 61]
#建立存储不同等级分数的字典
groups ={c: [] for c in "优秀 良好 中等 及格 不及格".split(' ')}
#遍历学生考试成绩数据,按不同分数段进行分类,将分数存储在对应的字典元素中
for score in scores:
    if score>=90:
        groups['优秀'].append(score)
    elif score>=80:
        groups['良好'].append(score)
    elif score>=70:
        groups['中等'].append(score)
```

```
    elif score>=60:
            groups['及格'].append(score)
    else:
            groups['不及格'].append(score)
#输出分类的结果
print(groups)
#计算不同等级数据的长度,通过字典生成式存储在新的字典 groups_num 中
groups_num = {key: len(value) for key, value in groups.items()}
print(groups_num)
```

运行结果：

```
{
    '优秀': [92, 90, 90],
    '良好': [89, 87, 84, 81, 81, 80, 82, 80],
    '中等': [70, 73, 71, 78, 77, 72, 79, 75, 70],
    '及格': [68, 61],
    '不及格': [49, 38, 54]
}
{'优秀': 3, '良好': 8, '中等': 9, '及格': 2, '不及格': 3}
```

6.3　集合

集合是 Python 中另一个内置常用可迭代的数据类型。集合中的所有元素放在一对大括号中，元素之间使用英文逗号分隔，一个集合中的元素必须是唯一的，不允许重复。

集合中的元素要求是整数、实数、复数、字符串、元组等不可变类型或可哈希的数据[①]。列表、字典、集合等可变类型数据不能进行哈希，不能作为集合的元素。集合本身是可变的，创建后可以添加、删除元素，元素存储顺序与添加顺序并不一致，所以集合是无序的结构。在集合中没有"索引"的概念，集合不支持使用下标直接访问指定位置的元素，也不支持使用切片、随机选取等操作，因此在使用集合时要放弃按照元素顺序选取元素的想法。

▶▶▶ 6.3.1　集合的定义

Python 使用大括号{元素 1,元素 2,…,元素 n}建立集合，如果数据中存在重复元素，在转换时只保留一个，自动去除重复元素。如果元素中有可变类型的对象，则会抛出 TypeError 异常。还可以使用 set( )函数将其他数据对象转换为集合（同时去掉多余的重复元素），或者创建空集合（不能使用{}，因为{}创建的是空字典）。具体使用格式代码如下。

---

① 哈希也称为散列，可以把任意长度的输入，通过散列算法变换成固定长度的输出。

```
#定义集合
#使用{}定义集合
data = {'水果', '蔬菜', '饮料'}
print(type(data))
print(data)

#使用 set()定义空集合
data = set()
print(type(data))
print(data)

#将其他类型数据转换为集合
data = set(range(10))
print(data)
data = set("Hello Python")
print(data)

#将可变的数据转换成集合
data = set(水果)
print(data)
```

运行结果：

```
<class 'set'>
{'水果', '饮料', '蔬菜'}
<class 'set'>
set()
{0, 1, 2, 3, 4, 5, 6, 7, 8, 9}
{'H', 't', 'y', 'o', 'P', 'h', 'e', ' ', 'n', 'l'}
{'苹果','油桃', '香蕉', '西瓜', '葡萄'}
```

当{}中的元素是可变类型时，会抛出"TypeError：unhashable type"异常信息，代码如下。

```
#{}与 set()的区别
data1 = set([1,2,3])
print(data1)
data2 = {[1,2,3]}
print(data2)
```

运行结果：

```
{1,2,3}
---------------------------------------------------------------------------------------
TypeError                                         Traceback(most recent call last)
/var/folders/87/11c2xhm14x59njrw_938wwm40000gn/T/ipykernel_35362/317686965.py in <cell line:4>()
      2 data1 =set([1, 2, 3])
```

```
      3 print(data1)
---->4 data2  = {[1, 2, 3]}
      5 print(data2)


TypeError: unhashable type: 'list'
```

从运行结果看，set( )函数可以将可变数据转为集合，而{ }是创建集合，其中的元素不能出现可变类型对象。

▶▶ 6.3.2　不可变集合的定义

在 Python 内置的集合类型中，还有一种不可变集合，称为冻结集合（frozenset）。该集合通过函数 frozenset(iterable) 创建，iterable 是一个可迭代对象（比如列表、元组、字典、字符串等）。冻结集合只是 Python 集合（set）对象的一个不可变版本。普通集合可以增加、删除元素，但冻结集合的元素在创建后保持不变。因此，冻结集合可以用作字典中的键或另一个集合的元素。和集合一样，它不是有序的（元素不可以索引）。为什么需要冻结集合呢？因为在集合的关系中，存在一个集合中的元素是另一个集合的情况，但是普通集合（set）本身是可变的，那么它的实例就不能放在另一个集合中（set 中的元素必须是不可变类型）。

所以，frozenset 提供了不可变集合的功能。当集合不可变时，它就满足了作为集合中元素的要求，就可以放在另一个集合中了。同时由于它是一个容器类型，所以也支持取长度、求最大值、返回重排序列等操作。代码如下：

```
#定义冻结集合
a = frozenset('abc')
b = frozenset([1, 2, 3])
c = frozenset({'a': 1, 'b': 2})
d = frozenset(range(3))
e = frozenset()
#使用冻结集合定义含有集合元素的普通集合
S ={a, b, c, d, e}
print(type(a), type(b), type(c), type(d), type(e))
print(a, b, c, d, e)
print(type(S))
print(S)
```

运行结果：

```
<class 'frozenset'> <class 'frozenset'> <class 'frozenset'> <class 'frozenset'> <class 'frozenset'>
frozenset({'a', 'b', 'c'}) frozenset({1, 2, 3}) frozenset({'a', 'b'}) frozenset({0, 1, 2}) frozenset()
<class 'set'>
{frozenset({0, 1, 2}), frozenset({'a', 'b'}), frozenset(), frozenset({'a', 'b', 'c'}), frozenset({1, 2, 3})}
```

6.3.3　集合的操作

Python 在集合上定义了很多操作，下面分别进行介绍。

1. 集合的运算

在高中数学中介绍了集合的基本运算：交集、并集、差集等。在 Python 中实现了这些运算，如表 6-3 所示。

表 6-3　集合的运算

Python 符号	说明
&	交集
|	并集
–	差集
^	对称差集
= =	等于
! =	不等于
in	是成员
not in	不是成员

A、B 两个集合进行交集运算"&"，会得到属于两个集合共有的元素，如图 6-2 所示。也可以使用 intersection( )方法进行交集运算。

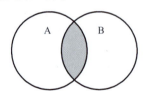

图 6-2　交集

A、B 两个集合进行并集运算"｜"，会得到两个集合所有的元素，如图 6-3 所示。也可以使用 union( )方法进行并集运算。

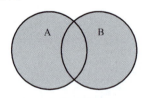

图 6-3　并集

A、B 两个集合进行差集运算"–"，会得到属于 A 集合但不属于 B 集合的元素，或者得到属于 B 集合但不属于 A 集合的元素，如图 6-4 所示。也可以使用 difference( )方法进行差集运算。差集运算不是对称运算，A–B 不等于 B–A。

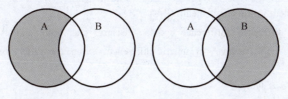

图6-4 差集

A、B 两个集合进行对称差集运算"^"，等价于对 A、B 两个集合进行"（A|B）-（A&B）"运算。对称差集运算也可以使用 symmetric_difference（）方法实现。下面通过代码进一步介绍这些运算和方法的使用。

```
#熟悉集合的运算和对应的方法
A=set(range(1, 10))
B=set(range(5, 15))
print(A&B)
print(A.intersection(B))


print(A|B)
print(A.union(B))


print(A-B)
print(B-A)
print(A.difference(B))
print(B.difference(A))


print((A|B)-(A&B))
print(A.symmetric_difference(B))
```

运行结果：

```
{5, 6, 7, 8, 9}
{5, 6, 7, 8, 9}
{1, 2, 3, 4, 5, 6, 7, 8, 9, 10, 11, 12, 13, 14}
{1, 2, 3, 4, 5, 6, 7, 8, 9, 10, 11, 12, 13, 14}
{1, 2, 3, 4}
{10, 11, 12, 13, 14}
{1, 2, 3, 4}
{10, 11, 12, 13, 14}
{1, 2, 3, 4, 10, 11, 12, 13, 14}
{1, 2, 3, 4, 10, 11, 12, 13, 14}
```

2. 集合的常用方法

Python 的内置集合类 set 对象自身提供了大量的方法，可以通过 dir（）函数得到这些方法的名称。代码如下：

```
>>>print([meth for meth in dir(set) if meth[:2]!='__'])
['add', 'clear', 'copy', 'difference', 'difference_update', 'discard', 'intersection', 'intersection_update', 'isdisjoint',
'issubset', 'issuperset', 'pop', 'remove', 'symmetric_difference', 'symmetric_difference_update', 'union', 'update']
```

集合的方法如表 6-4 所示。

表 6-4　集合的方法

方法	功能
add( )	接收一个元素作参数，向集合中添加一个元素，如果该元素已经存在，则不会产生任何影响
clear( )	删除集合中的所有元素
copy( )	返回一个集合的浅副本
difference( )	接收一个或多个集合作参数，返回两个或多个集合的差值作为一个新集合
difference_update( )	接收一个或多个集合作参数，从一个集合中删除另一个集合的所有元素
discard( )	接收一个元素作参数，如果该元素是成员，则从集合中移除一个元素。如果该元素不是成员，则不执行任何操作
intersection( )	接收一个或多个集合作参数，返回两个或多个集合的交集作为新集合
intersection_update( )	接收一个或多个集合作参数，用自身和另一个集合的交集来更新集合
isdisjoint( )	如果两个集合的交集为空，则返回 True，否则返回 False
issubset( )	判断另一个集合是否包含这个集合
issuperset( )	判断该集合是否包含另一个集合
pop( )	移除并返回一个任意的集合元素，如果该集合为空则引发 KeyError 异常
remove( )	接收一个元素作参数，从集合中移除一个元素；它必须是成员，如果元素不是成员，则引发 KeyError 异常
symmetric_difference( )	接收一个集合作参数，返回两个集合的对称差值作为一个新集合
symmetric_difference_update( )	接收一个集合作参数，用自身和参数的对称差集更新当前集合
union( )	接收一个或多个集合作参数，返回集合的并集作为一个新集合（即所有集合中的所有元素）
update( )	接收一个或多个集合作参数，用集合本身和其他集合的并集来更新集合

示例代码如下：

```
#集合 set 的常用方法
A = set(range(1,10))
B = set(range(5,15))
print(A)
print(B)
```

```
#A、B 集合有交集
print(A.isdisjoint(B))
C = A.intersection(B)
print(C)
#C 是 A 的子集
print(C.issubset(A))
#B 是 C 的超集
print(B.issuperset(C))
D = C.copy()
D.pop()
print(D)
D.remove(8)
print(D)
E = A.union(B)
print(E.discard(20))
E.clear()
print(E)
```

运行结果：

```
{1, 2, 3, 4, 5, 6, 7, 8, 9}
{5, 6, 7, 8, 9, 10, 11, 12, 13, 14}
False
{5, 6, 7, 8, 9}
True
True
{6, 7, 8, 9}
{6, 7, 9}
None
set()
```

除集合自身的方法外，Python 还提供了一些适合集合的基本函数，这些函数在前面章节中已经介绍过，这里仅整理成表格，如表 6-5 所示。

表 6-5　适合集合的基本函数

函数名称	功能说明
enumerate( )	传回 enumerate 对象
len( )	得到集合元素数量
max( )	得到集合元素最大值
min( )	得到集合元素最小值
sum( )	得到集合元素总和

6.3.4 示例解析

【例6-3】学校开设课程选修课，学生可自由选课，每人至少选一门，可以都选。现有课程名单和学生名单，利用所学知识编写程序，完成选课并对选课结果进行分析。

（1）输出每门课的选课结果。

（2）输出没有选课的学生及人数。

（3）输出选择全部课程的学生名单及人数。

（4）输出选择两门课程的学生名单及人数。

```python
#模拟学生选课过程,使用集合分析学生选课情况
import random as R
#参加选课学生名单
students = {'吴萍','马杰','鲍丽娟','谭梅','陆霞','胡建','谭凤兰',
            '尚凤兰','贾利','尹桂芳','姚秀华','赵琳','崔坤','陈浩',
            '周楠','孙淑华','柳明','韩海辉','范阳','刘婷婷','赵晨',
            '张菲','王坤','高桂兰','孙健'}
#课程名单
courses = {'Python', 'C/C++', 'HTML/CSS'}
#定义保存选课结果的字典
results = {}
#模拟学生选课情况
print('选课结果:', end=' ')
for course in courses:
    results[course] = set(R.sample(students, R.randint(5, 25)))
    print(f'{course}:{results[course]}')
#找出这个班有哪些学生没有选课,人数是多少?
unenrolled = set()
for res in results.values():
    unenrolled = unenrolled | res
print(f'没选课:{students-unenrolled},{len(students-unenrolled)}人')
#找出这个班有哪些学生同时选修了3门课,人数是多少?
enrolled_3 = students.copy()
#求出3个集合的交集
for res in results.values():
    enrolled_3 = enrolled_3 & res
print(f'选3门课:{enrolled_3},{len(enrolled_3)}人')
#找出这个班有哪些学生同时选修了2门课,人数是多少?
enrolled_2 = []
#通过双循环得到任意两门课的全部组合
for i in range(len(courses)-1):
    for j in range(i+1, len(courses)):
        enrolled_2.append((list(courses)[i], list(courses)[j]))
#根据组合结果进行集合运算
```

```
res = []
for i in range(len(enrolled_2)):
    #根据选择两门课程的组合,得到学生名单,并将课程名和对应的学生名保存为字典
    #然后添加进列表中
    temp = results[enrolled_2[i][0]]&results[enrolled_2[i][1]]
    res.append({enrolled_2[i]:temp})
    #
    print(f'选 2 门课：{res[i]},{len(list(res[i].values())[0])}人')
```

运行结果：

```
选课结果:Python:{'刘婷婷','韩海辉','陈浩','贾利','张菲','姚秀华','赵琳'}
HTML/CSS:{'韩海辉','陈浩','吴萍','姚秀华','孙健','高桂兰','马杰','刘婷婷','谭梅','赵晨','柳明',
          '鲍丽娟','范阳','谭凤兰','尚凤兰','尹桂芳','胡建','贾利','张菲','周楠'}
C/C++:{'尚凤兰','陈浩','高桂兰','柳明','崔坤'}
没选课:{'陆霞','王坤','孙淑华'},3 人
选 3 门课:{'陈浩'},1 人
选 2 门课:{('Python', 'HTML/CSS'):{'刘婷婷','韩海辉','陈浩','贾利','张菲','姚秀华'}},6 人
选 2 门课:{('Python','C/C++'):{'陈浩'}},1 人
选 2 门课:{('HTML/CSS','C/C++'):{'柳明','尚凤兰','高桂兰','陈浩'}},4 人
```

6.4 本章小结

本章主要讲解了组合数据类型中的字典与集合，首先讲解了字典的构造方法和基本操作；其次讲解了集合类型，包括集合的基本操作和集合之间的运算（对应的方法）；最后通过详细的示例代码对概念进行演示和解释。通过对本章的学习，希望大家能够掌握字典和集合数据类型的特点，并在实际编程中熟练使用。

6.5 练习题

1. 在 Python 中，字典和集合都是用一对_____作为界定符，字典的每一个元素由两部分组成，即_____和_____，其中_____不允许重复。

2. 创建空字典的方法有_____和_____，创建空集合的方法有_____。

3. 已知 x = {'a':20,'b'=30}，则表达式 x.get('a',35) 的值为_____，x.get('c',40) 的值为_____。

4. 表达式 {1,2,3,4,5,6} - {1,3,5} 的结果为_____，{1,2,3,4,5,6} & {1,3,5} 的结果为_____。

5. 表达式 -1 in {32:5,33:6,34:-1} 的值为_____。

6. 以下（　　）是 Python 字典的正确声明方式。

A.　dict＝{"name":"Alice","age":25}

B.　dictionary＝{name:"Alice",age:25}

C.　myDict＝("name":"Alice","age":25)

D.　my_dict＝{"name" "Alice","age" 25}

7.　如何获取字典中的值"Alice"？（　　　）

A.　dict. get("name")

B.　dict["name"]

C.　dict. name

D.　dict＝"Alice"

8.　若要检查键"age"是否存在于字典中，应该使用（　　　）方法。

A.　if "age" in dict:

B.　if dict. exists("age"):

C.　if dict. check_key("age"):

D.　if dict. age:

9.　以下（　　　）语句会添加一个新的键值对到字典中。

A.　dict. add("gender","female")

B.　dict. append("gender":"female")

C.　dict["gender"]＝"female"

D.　dict. new_key＝"female"

10.　如何从字典中删除键"name"？（　　　）

A.　dict. remove("name")

B.　del dict["name"]

C.　dict. delete("name")

D.　dict["name"]＝None

第 7 章　文件

在前面章节的程序中所使用的数据都是来自键盘输入，程序运行期间的输出数据都输出到显示器上，程序处理的数据都存储在内存中，一旦程序运行结束，所有的数据都会消失，这种方式不利于程序复用。当有大量数据输入输出的时候，仅仅通过键盘输入和显示器输出，效率就很低了。因此，在实际应用中程序所需的数据，特别是量较大的数据常常从外部文件中读取写入，而输出数据也通常被存放到某个外部文件中，这样可以做到数据的持久存储和程序的反复使用。

本章将介绍如何打开、读取、写入和关闭文件。同时，还将介绍如何在 Python 中处理文本文件和二进制文件，并探讨如何使用异常处理来处理文件操作中可能出现的错误。

本章要点

➢ 文件概述
➢ 文件的打开与关闭
➢ 文件的读取与写入
➢ 文件的异常处理

7.1　Python 文件概述

文件是存储在外部介质（如硬盘、光盘、U 盘、云盘等）上一组数据的集合。一段文字、一张图片、一段代码、一组数据等，都可以被保存为一个文件。操作系统以文件为单位管理磁盘中的信息。

通过 Python 程序可对计算机中的各种文件进行增删改查的操作。Python 使用文件的目的：一是实现程序与数据的分离，数据文件的改动不会引起程序的改动；二是实现数据共享，不同程序可以访问同一数据文件；三是实现长期保存程序运行产生的中间数据或结果数据。

7.1.1　文件与文件类型

文件作为一个整体，有文件名、大小、被创建和修改的日期等信息，以与其他文件区别开来。其中，文件名由主文件名和扩展名两部分组成，中间用"."隔开。主文件名由用户根据操作系统的命名规则自行命名，扩展名由应用程序自行加上，用来指定打开和操作该文件的应用程序。例如，Python 的源程序文件对应的扩展名就是 .py，表示该文件需要用 Python 编辑器打开和处理。

一般来说，文件都是按文件名访问的，一方面通过文件名指明访问对象，另一方面通过扩展名指定访问和处理文件的应用程序。在 Python 中通过文件对象可以访问磁盘文件或其他类型的存储设备。

从文件内容的表示形式来看，文件可分为二进制文件和文本文件。文件中的数据组织形式是由文件的创建者和解释者（即使用文件的软件）约定的格式，所谓格式就是关于文件中每一部分内容代表什么含义的一种约定。

1. 二进制文件

二进制文件（binary files）把对象内容以字节串（bytes）格式进行存储，无法用记事本或其他普通文本处理软件直接进行编辑，不能解码为字符串，通常也无法直接阅读，需要专门的软件进行解码后才能读取、显示、修改或执行。常见的图像文件、音频文件、可执行文件、资源文件、各种数据库文件都属于二进制文件。

2. 文本文件

文本文件内容是常规字符串，由若干文本行组成。文本文件以 ASCII 码方式（也称文本方式）存储文件，更确切地说，文本文件存储的是英文、数字等字符的 ASCII 码，以及汉字的机内码。文本文件中除存储文件有效字符信息（包括能用 ASCII 码字符表示的回车符、换行符等信息）外，不能存储其他任何信息。文本文件存在于计算机文件系统中。通常，通过在文本文件最后一行后放置文件结束标志来指明文件的结束。

▶▶▶ ## 7.1.2　目录与文件路径

文件是用来组织和管理一组相关数据的，而目录是用来组织和管理一组相关文件的。目录又可称为文件夹，可以包含文件，也可以包含其他目录。目录为树状结构，如图 7-1 所示。

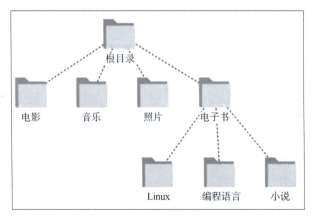

图 7-1　目录结构图

文件有可能存放在一个目录中，也可能存放在多层子目录中。文件保存的位置称为路径。访问一个文件，要指出文件的路径（包括文件名），即要告知文件存放在哪里。路径分为绝对路径和相对路径两种。

1. 绝对路径

绝对路径是指从文件所在驱动器名称（或称盘符）开始描述的文件保存位置。如 C:\ MSI\Smart Utilities\dp. bat 是从盘符 C 开始的路径，即绝对路径。其中反斜杠"\"是盘符、目录和文件之间的分隔符。

在 Python 程序中使用字符串描述一个文件的路径。因为在字符串中反斜杠"\"是转义字符，所以为了还原反斜杠分隔符的含义，在字符串中需要连续写两个反斜杠，如 C:\\ MSI\\Smart Utilities \\dp. bat。为了书写简便，Python 还允许用 r'C:\MSI\Smart Utilities\ dp. bat'的表示方法，其中，r 表示取消后续字符串中反斜杠的转义特性。

2. 相对路径

相对路径是指从当前工作的路径开始描述的文件保存位置。每一个程序都有一个当前路径（cwd），一般情况下，当前工作目录默认为应用程序的安装目录，可以通过 Python 自带的 os 库函数重新设置当前路径。下面的代码可修改当前路径。

```
>>>import os
>>>os. getcwd()                    #显示当前工作目录
'C:\\programs\\python\\python37-32'  #当前目录
>>>os. chdir('E:\\my')             #修改为当前目录
>>>os. getcwd()                    #显示当前工作目录
'E:\\my'                           #当前目录
```

与绝对路径相比，相对路径省略了盘符到当前工作目录的部分，系统默认从当前工作目录开始根据路径描述定位文件。

▶▶ 7.1.3　文件的使用过程

数据文件在程序运行时被从外部介质（如硬盘、U 盘等）上读到内存中，经过程序加工处理后，将结果再从内存写入外部介质上的文件中。文件操作分为以下 3 个步骤。

1. 打开文件

文件操作首先要打开文件并创建文件对象，一般使用 Python 提供的 open( )函数打开文件。

2. 读写文件

通过文件对象对文件内容进行读取、写入、删除、修改等操作，Python 提供了 read( )、write( )等方法读写文件。

3. 关闭文件

文件使用后要关闭，释放其占用的资源，一般使用 Python 提供的 close( )方法关闭文件。

7.2　文件的打开与关闭

▶▶ 7.2.1　打开文件

Python 使用 open( ) 函数创建文件对象，并打开需要读写的文件。open( ) 函数将文件名作为唯一必不可少的参数，并返回一个文件对象。打开文件函数 open( ) 的常用语法格式如下：

```
fp=open(file,mode='r',buffering=-1)
```

其中，fp 为文件对象名；open 为函数名；参数 file 为文件路径字符串，为可选参数；参数 mode 为模式字符；参数 buffering 为缓冲设置。

例如，要打开当前目录中名为 somefile. txt 的文本文件（可能是使用文本编辑器创建的），则可用 open( ) 函数打开它：

```
>>>f1=open('somefile. txt')
>>>f2=open('. . /somefile. txt')
>>>f3=open('D:/somefile. txt')
```

f1 的打开方式为打开当前目录下的文件，即使用的是相对路径；f2 的打开方式为回退到上一层目录，即 somefile. txt 文件在上一层目录中；f3 的打开方式为打开 D 盘根目录下的 somefile. txt 文件，即使用的是绝对路径。

open( ) 函数有 3 个参数，file 是必选参数，mode 和 buffering 是可选参数。

1. open( ) 函数的 file 参数

file 参数为要读写的文件名，它是字符串对象，对应外存储器上的文件。例如，当前目录下的 somefile. txt 文件，写成'somefile. txt'。如果文件不在当前目录下，则需要在 file 中指出文件的路径。

2. open( ) 函数的 mode 参数

mode 参数为打开文件的模式，为可选参数，默认值为'r'。根据不同的文件操作，mode 可设为不同的值，如表 7-1 所示。

表 7-1　open( ) 函数的 mode 参数常见取值

值	功能	使用说明
'r'	以读模式打开文件（默认）	文件必须存在
'w'	以写模式打开文件	若文件不存在，则新建文件；若文件存在，则清空文件内容
'x'	创建文件并以写模式打开文件	若文件已经存在，则创建失败

续表

值	功能	使用说明
'a'	以追加模式打开文件	若文件存在，则向文件尾部追加内容；若文件不存在，则新建文件
'b'	二进制模式	可添加到其他模式中使用
't'	文本模式（默认）	可添加到其他模式中使用
'+'	读写模式	可添加到其他模式中使用

当 mode='w'时，以写入模式打开文件，能够将内容写入文件，并在文件不存在时创建它，若文件存在则将其原有内容删除，并从文件开头处开始写入。如果要在既有文件末尾继续写入，可使用追加模式。

当'+'与其他任何模式结合起来使用时，表示既可读取也可写入。例如，要打开一个文本文件进行读写，可使用'r+'。

请注意，'r+'和'w+'之间有个重要差别：后者会删除文件原有内容，而前者不会这样做。

默认模式为't'，模式't'意味着将把文件视为经过编码的 Unicode 文本，因此将自动执行解码和编码，且默认使用 UTF-8 编码。要指定其他编码和 Unicode 错误处理策略，可使用关键字参数 encoding 和 errors。这还将自动转换换行字符。默认情况下，行以'\n'结尾。读取时将自动替换其他行尾字符（'\r'或'\r\n'）；写入时将'\n'替换为系统的默认行尾字符（os. linesep）。

如果文件包含非文本的二进制数据，如声音剪辑片段或图像，只需使用二进制模式（如'rb'）来禁用与文本相关的功能。

open()函数还有几个更为高级的可选参数，用于控制缓冲以及更直接地处理文件描述符。要获取有关这些参数的详细信息，请参阅 Python 文档或在交互式解释器中运行 help(open)。

调用函数 open()时，如果只指定文件名，则将获得一个可读取的文件对象。如果要写入文件，则必须通过指定模式来显式地指出这一点。

3. open()函数的 buffering 参数

buffering 参数为设置缓冲策略的可选参数，默认值为-1。当文件打开方式为二进制模式时，buffering 可以设置为0，用来关闭缓冲；当文件打开方式为文本模式时，buffering 可以设置为1，用来设置行缓冲。buffering 还可以用大于1的整数来设置固定大小的缓冲区。当没有缓冲参数时，执行默认值。

▶▶ 7.2.2　关闭文件

文件经过一系列的读写操作后需要使用 close()方法关闭。close()方法使用的形式如下：

```
fp. close()
```

其中，fp 为文件对象名；close 为函数名。

关闭文件的操作：首先将内存缓冲区的内容同步写到外存，然后释放该文件占用的内存资源，最后切断文件对象与外存文件之间的联系。

通常，程序退出时将自动关闭文件对象，因此是否将读取的文件关闭好像并不那么重要。然而，文件用完后及时关闭是个好习惯，因为等到系统来关闭文件会导致的问题有：第一，占用了操作系统可同时打开的文件数（文件打开配额）；第二，在缓冲区中还没有写入文件的数据可能会因为系统异常而被修改或丢失。

要确保文件得以关闭，可使用 try/finally 语句，并在 finally 子句中调用 close( )。

```
#在这里打开文件
try:
#将数据写入文件中
finally:
file. close()
```

实际上，有一条专门为此设计的语句，那就是 with 语句。

```
with open("somefile. txt") as somefile:
    do_something(somefile)
```

with 语句能够打开文件并将其赋给一个变量（这里是 somefile）。在语句体中，将数据写入文件（还可能做其他事情）。到达该语句末尾时，文件将自动关闭，即便出现异常也如此。

7.3　文件的基本操作

打开文件后，便可根据打开文件的模式对文件进行操作。文件的操作主要是读写操作，即对文件的存取操作。

7.3.1　文件的读写操作

文件最重要的功能是提供和接收数据。如果有一个名为 f 的文件对象，则可使用 f. write( ) 来写入数据，还可使用 f. read( ) 来读取数据。在 Python 中，用于读写文件的方法有 read( )、readline( )、readlines( )、write( )、writelines( )。

1. 文件的读操作

（1）read( ) 方法。

Python 使用文件对象的 read( ) 方法从文件中读取指定大小的数据，一般语法格式如下：

```
s = fp. read(size)
```

其中，fp 为以读模式打开的文件对象，可以是文本文件，也可以是二进制文件；size 为从文件的当前读写位置读取的指定字节数，若 size 为负数或空，则读取到文件的结束。read( ) 方法返回读取到的指定文件内容，若是文本文件，则返回字符串，若是二进制文件，则返回字节流。

例如，假设在 E:\my 目录中有 myfile. txt 文件，内容如图 7-2 所示，可利用 read( ) 方法对其进行以下读文件操作。

图 7-2 文本文件 myfile.txt 的内容

```
>>>fp=open(r'E:\my\myfile.txt')
>>>s1=fp.read(9)            #从文件中读取 9 字节(Computer)
>>>s2=fp.read(20)           #继续读取 20 字节(Programming Language)
>>>print(s1)
Computer
>>>print(s2)
Programming Language
>>>s3=fp.read()             #继续读取余下的数据
>>>s3                        #显示 s3 的内容
'\n Hello,Python! \n'
>>>print(s3)                #输出 s3 的内容

Hello,Python!
>>>print(s1,s2,s3)
Computer Programming Language
Hello,Python!
>>>fp.close()
```

fp.read(9)表示从文件中读取 9 字节（Computer），fp.read(20)表示从文件中继续读取 20 字节（Programming Language）并输出，fp.read()将文件余下的数据读出（\nHello, Python! \n）。显示对象内容与输出对象内容是有区别的。

（2）readline()方法。

Python 使用文件对象的 readline()方法从文件中读取一行数据，该方法多用于文本文件。一般语法格式如下：

```
s=fp.readline(size=-1)
```

其中，fp 为以读模式打开的文件对象；size 为从文件的当前读写位置读取的本行内指定字节数，若 size 省略或大小已超过从当前位置到本行末的字符长度，则读取到本行的结束，包括 '\n'在内。readline()方法返回读取到的字符串内容。例如，用 readline()方法读取 myfile.txt 文件的内容。

```
>>>fp=open(r'E:\my\myfile. txt')
>>>s=fp. readline(9)       #从文件中读取 9 字节(Computer)
>>>s
'Computer'
>>>s=fp. readline(30)      #继续读取 30 字节(Programming Language\n),到行尾不够 30 字节,就读到行
                             尾(包括换行符)为止
>>>print(s)
Programming Language

>>>s=fp. readline(5)       #继续读下一行的 5 字节(Hello)
>>>s
'Hello'
>>>print(s)
Hello
>>>s=fp. readline()
>>>s
', Python!'
>>>fp. close()
```

（3）readlines()方法。

Python 使用文件对象的 readlines()方法从文件中读取多行数据，该方法多用于文本文件，一般语法格式如下：

```
s=fp. readlines(hint=- 1)
```

其中，hint 为从当前读写位置开始需要读取的字节数，若是文本文件则是字符数。由于 readlines()方法是以行为单位进行读取的，所以根据 hint 的值与文件中的内容可以得出需要读取的行数，hint 的值小于一行的字节数，就读取一行，小于两行大于一行就读取两行，小于三行大于两行就读取三行，以此类推。若 hint 省略或为负值，则读取从当前位置到文件末尾的所有行。

readlines()方法返回从文件中读取的行所组成的列表，包括行尾的'\n'。

例如，假设在 E:\my 目录中有 myfile1. txt 文件，内容如图 7-3 所示。

图 7-3　myfile1. txt 文件的内容

使用 readlines( ) 方法读取 myfile1. txt 文件的内容。

```
>>>fp＝open(r'E:\my\myfile1. txt')
>>>s＝fp. readlines(2)   #第一行不止两个字符，因为以行为单位读取，所以读取第一行数据
>>>s
['Computer \n']
>>>s＝fp. readlines()
>>>s
['Programming \n','Language \n','Hello,Python! \n']
>>>fp. close()
```

2. 文件的写操作

（1） write( ) 方法。

Python 使用文件对象的 write( ) 方法向文件中写入数据。write( ) 的一般语法格式如下：

```
fp. write(s)
```

其中，fp 为以写模式或追加模式打开的文件对象，可以是文本文件，也可以是二进制文件；s 为向文件的当前读写位置写入的内容，若是文本文件则写入的是字符串，若是二进制文件则写入的是字节对象（字节流）。write( ) 方法返回写入的字符数或字节数。

例如，用以下代码可在 E：\my 中新建文本文件 myfile2. txt，并向文件中写入内容。

```
>>>fp＝open(r'E:\my\myfile2. txt','w')
>>>fp. write('Hello,World! \n')
>>>13
>>>fp. write('Hello,Python! \n')
>>>14
>>>fp. close()
```

写入后，E 盘中文本文件 myfile2. txt 的内容如图 7-4 所示。

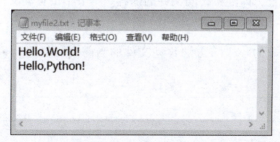

图 7-4　E 盘中文本文件 myfile2. txt 的内容

write( ) 方法也可用于写二进制文件，例如：

```
>>>fp＝open(r'E:\my\myfile3. txt','wb')
>>>x＝bytes([3,4,5])
>>>fp. write(x)
>>>fp. close()
```

（2）writelines( )方法。

Python 使用文件对象的 writelines( )方法向文件中写入列表数据，该方法多用于文本文件，一般语法格式如下：

```
fp. writelines(lines)
```

其中，lines 为列表，若需要换行则在列表元素中添加换行符。例如，以下代码可向 E:\my 中新建文本文件 myfile4. txt 写入内容，如图 7-5 所示。

图 7-5　writelines( )方法写入内容后的文本文件

```
>>>fp＝open(r'E:\my\myfile4. txt','w')
>>>lines＝['Programming\n','Language \n','Hello,Python！ \n']
>>>fp. writelines(lines)
>>>fp. close()
```

▶▶ 7.3.2　文件的定位

前面对文件进行读写操作是按照从头至尾的顺序进行的，文件读写的位置是顺序移动的，但有时需要重置位置，即随机访问文件的内容。本节给出移动文件指针的方法。

1. seek( )方法

Python 使用文件对象的 seek( )方法移动文件的当前读写位置。seek( )的一般语法格式如下：

```
fp. seek(offset,whence＝0)
```

其中，fp 表示打开的文件，必须允许随机访问；offset 为相对于指示位置的字节偏移量；whence 为可选参数，表示所指的位置，默认值为 0，不同值所对应的意义如下：

```
0 相当于文件开始位置
1 相当于当前文件读写位置
2 相当于文件尾
```

seek( )方法的返回值为当前的读写位置。例如：

```
>>>fp=open(r'E:\my\myfile5. dat','wb+')
>>>fp. write(b'Hello,word!')
11
>>>fp. seek(0)
0
>>>s=fp. read(5)
>>>s
b'Hello'
>>>fp. seek(-5,2)
6
>>>s=fp. read()
>>>s
b'word!'
>>>fp. seek(1,0)
1
>>>fp. read(5)
b'ello,'
```

2. tell( )方法

Python 使用文件对象的 tell( )方法返回文件的当前读写位置。tell( )的一般语法格式如下：

```
fp. tell()
```

例如：

```
>>>fp=open(r'E:\my\myfile5. dat','rb+')
>>>fp. tell()
0
>>>fp. read(5)
b'Hello'
>>>fp. tell()
5
>>>fp. close()
```

7.3.3　文件的其他操作

除以上介绍的方法外，Python 中的文件对象还有一些其他常用方法和属性，如表 7-2 所示。通常不是打开文件就开始读写，而是需判断是否打开了文件，确认文件打开后才进行读写操作，这样才比较稳妥，程序运行中不至于出现死机现象。

表 7-2　文件对象的其他常用方法和属性

方法和属性	功能
f. flush( )	将写缓冲区的数据写入文件
f. truncate(size＝None)	用于截取文件。若指定了 size，则表示截取的文件为 size 个字符；若未指定 size，则表示从当前位置起截断，size 后面的所有字符被删除
f. closed( )	文件关闭属性，当文件关闭时为 Ture，否则为 False
f. fileno( )	返回文件描述符（整数）
f. readable( )	判断文件是否可读，是则返回 Ture，否则返回 False
f. writeable( )	判断文件是否可写，是则返回 Ture，否则返回 False
f. seekable( )	判断文件是否支持随机访问，是则返回 Ture，否则返回 False
f. isatty( )	判断文件是否交互（如连接到一个终端设备），是则返回 Ture，否则返回 False

在实际应用中经常使用 with 语句打开文件，例如：

```
with open('myfile6. txt','r+')as f:
    lines＝f. readlines()
for i in range(len(lines)):
    lines[i]＝str(i+1)+' '+lines[i]
f. seek(0)
f. writelines(lines)
```

使用 with 语句，系统能在读写文件后自动关闭文件，有利于文件异常处理。

7.4　文件的综合应用

7.4.1　查看文件列表

【例 7-1】编写代码，查看指定 zip 和 rar 压缩文件中的文件列表。
分析：Python 标准库 zipfile 提供了对 zip 和 apk 文件访问的方法。
代码如下：

```
with zipfile. ZipFile(r'D:\jakstab- 0. 8. 3. zip') as fp:
import os
os. getcwd()        #显示当前工作目录
#os. chdir('F:\\documents')
os. chdir('E:\\my')
with zipfile. ZipFile(r'E:\my\Py. zip') as fp:
    for f in fp. namelist():
        print(f)
```

Python 扩展库 rarfile（可通过 pip 工具安装）提供了对 rar 文件的访问。代码如下：

```
import rarfile
with rarfile. RarFile(r'D:\asp 网站 . rar')as r:
    for f in r. namelist():
        print(f)
```

▶▶ 7.4.2 判断 GIF 文件

【例 7-2】判断一个文件是否为 GIF 文件。

分析：任何一个文件都具有专门的文件头结构，存放在文件头中的信息就包括了文件的类型。通过文件头信息来判断文件类型，而不依赖文件的扩展名判断，结果更加准确。

代码如下：

```
>>>fname="a. txt"
>>>os. chdir(r'E:\my')
>>>def is_gif(fname):
with open(fname,'rb')as fp:
    first4=fp. read(4)
return first4==b'GIF8'
>>>is_gif('. gif')
True
>>>is_gif('a. png')
False
```

📔 7.5 本章小结

本章介绍了如何通过文件和类似于文件的对象与外部数据交互，这是 Python 中重要的数据输入输出方法之一。下面是本章的重点。

（1）文件的打开：使用 open（）函数打开文件。用好 3 个参数：文件名、读写模式和数据缓冲区策略。

（2）文件的关闭：使用 close（）方法关闭文件。

（3）文件的读写操作：使用 read（）和 readline（）、write（）和 writelines（）等方法对打开的文件进行读写操作。

（4）文件的定位操作：使用 seek（）方法设置文件的读写位置，实现数据读写。

（5）文件的其他操作：判断文件的工作状况，如是否关闭 f. closed（）、是否可读 f. readable（）、是否可写 f. writeable（）、是否支持随机访问 f. seekable（）等。

7.6 练习题

1. 假设在 E：\my 目录中有 test. txt 文件，完成打开、关闭操作。

2. 假设在 E：\my 目录中有 test. txt 文件，利用 read( )方法对其进行读文件操作。

3. 假设在 E：\my 目录中有 test. txt 文件，利用 readlines( )方法对其进行读文件操作。

4. 假设在 E：\my 目录中有 test. txt 文件，利用 write( )方法向文件写入"I love Python!"，并显示更新后文件内容。

5. 假设在 E：\my 目录中有 test. txt 文件，利用 write( )方法向文件末尾追加"I love Python!"，并显示更新后文件内容。

6. 假设在 E：\my 目录中有 test. txt 文件，利用 writelines( )方法向文件添加多行内容，并显示更新后文件内容。

第8章 实战演练

本章要点

➢ 进一步强化对文件的操作
➢ 实现基础的网络爬虫程序
➢ 认识 Web 应用框架 Flask

8.1 学生成绩统计

本案例要求对 2020 级计算机专业学生进行成绩管理，假设该班级原始数据有 10 条，后期可以对此班级的成绩信息进行扩充。学生成绩管理可以实现添加、查找、删除学生信息，以及对其成绩进行管理，并将保留在系统中的学生成绩信息保存在文本文件中，方便查阅。学生成绩管理期望实现的功能是对文件中的数据进行增、删、改、查操作，并对某一项成绩进行升序、降序排列。

图 8-1 是将 10 位学生按 Python 成绩升序排列之后的结果展示。

```
+---------------+--------+-------------+-------------+----------+
|      学号      |  姓名  | English成绩  | Python成绩  | Java成绩 |
+---------------+--------+-------------+-------------+----------+
| 120100506010  |  郭箐  |     95      |     84      |    79    |
| 120100506008  | 刘侯强 |     76      |     85      |    69    |
| 120100506003  | 于莉莉 |     93      |     86      |    79    |
| 120100506007  | 于颜辉 |     84      |     86      |    92    |
| 120100506009  |  林惠  |     95      |     86      |    74    |
| 120100506002  | 王晶晶 |     92      |     91      |    89    |
| 120100506005  | 高国庆 |     93      |     91      |    92    |
| 120100506006  | 章浩楠 |     92      |     91      |    93    |
| 120100506001  | 张美丽 |     88      |     92      |    95    |
| 120100506004  | 白婷婷 |     95      |     92      |    91    |
+---------------+--------+-------------+-------------+----------+
```

图 8-1 按 Python 成绩升序排列之后的结果展示

运行此案例代码之后，本地文件夹会出现一个文本文件，名为 student. txt，里面将包含 10 位学生的个人信息以及 3 门专业课成绩，如表 8-1 所示。

表 8-1 学生成绩汇总

学号	姓名	English 成绩	Python 成绩	Java 成绩
120100506001	张美丽	88	92	95
120100506002	王晶晶	92	91	89
120100506003	于莉莉	93	86	79
120100506004	白婷婷	95	92	91
120100506005	高国庆	93	91	92
120100506006	章浩楠	92	91	93
120100506007	于颜辉	84	86	92
120100506008	刘侯强	76	85	69
120100506009	林惠	95	86	74
120100506010	郭箐	95	84	79

此案例将每个功能拆分成对应的函数，再在主函数中调用，方便读者参考学习。例如，将增、删、改、查等操作分别独立成一个函数，每一段代码实现一个具体功能，保证程序的可读性，其中程序的核心功能包括：

```
def save(student_list)    #保存学生成绩信息
def insert()              #录入学生成绩
def search()              #查找学生信息(可按照学号查找或按照姓名查找)
def delete()              #按照学生学号删除数据
def modify()              #修改学生成绩数据
def sort()                #对学生成绩进行排序
```

接下来对实现学生成绩管理系统的函数逐一进行讲解。

1. 使用 os 模块

先对文件进行读取。os 是 Python 的内置模块，是一个用于访问操作系统功能的模块，在使用前需要使用 import os 语句导入。import os. path 模块主要用于获取文件的属性，也可以说是主要处理系统路径相关的操作。

```
import os
import os. path
```

2. 定义一个指向保存学生基本信息以及成绩的文件对象

```
filename='student. txt'
```

3. 保存学生成绩信息到文件中 save( )

核心任务：定义一个 save( ) 函数，接收一个列表类型的参数，列表包含学生的学号、姓名、3 门专业课成绩。

```
def save(student_list):
```

首先判断 student. txt 文件是否存在，如果不存在，则先在本地创建这个文件。

```
if not os. path. exists(filename):
with open(filename,'w',encoding='utf-8')as file:
    pass
```

'w'：以写入方式打开一个文件。如果该文件已存在，则将其覆盖。如果该文件不存在，则创建新文件。

'a'：以追加方式打开一个文件。如果该文件已存在，文件指针将会放在文件结尾。也就是说，新的内容将会被写在已有内容之后。

pass 是占位符，此段代码的核心功能是检测本地是否存在名为 student. txt 的文件对象。

```
#打开文件,将列表中学生成绩信息循环写到文件中
with open(filename,'a',encoding='utf-8')as file:
    for stu in student_list:
        file. write(str(stu)+'\n')
```

注意：

（1）写入文件的内容必须是字符串类型，如果是数字（例如 3 门专业课的成绩、学号等），则需要先转换成字符串类型。

（2）如果想写入的文件有换行，需要加换行符'\n'。

4. 录入学生成绩 insert( )

创建一个空列表 student_list，用于存储学生成绩信息。首先进入循环，要求用户输入学生的学号、姓名、English 成绩、Python 成绩和 Java 成绩。如果用户没有输入学号或姓名，则跳过本次循环，继续等待用户输入。如果用户输入的成绩不是整数类型，则打印一条提示信息，继续等待用户输入。如果用户输入的信息无误，则将该学生的成绩以字典的形式保存到 student_list 列表中。询问用户是否要继续添加学生信息。如果用户输入的是 y 或 Y，则继续录入学生信息，否则跳出循环。将 student_list 列表作为参数传递给 save()函数，以便保存学生成绩信息。打印一条提示性语句，表示学生信息录入完毕。

```
def insert():
    """
    录入学生成绩数据
    :return: 无
    """
    #存储学生成绩信息的列表
    student_list = []
```

```
#循环录入学生成绩数据
while True:
    id = input('请输入学号(如 1001):')
    if not id:
        continue
    name = input('请输入姓名:')
    if not name:
        continue
    try:
        english = int(input('请输入 English 成绩:'))
        python = int(input('请输入 Python 成绩:'))
        java = int(input('请输入 Java 成绩:'))
    except:
        print('输入无效,不是整数类型,请重新输入')
        continue
    #学生成绩数据以字典形式保存
    studentDic = {'id': id, 'name': name, 'english': english, 'Python': python, 'Java': java}
    #将学生成绩数据添加到列表中
    student_list. append(studentDic)
    answer = input('是否继续添加? y/n\n')
    if len(answer) > 0 and answer in 'yY':
        continue
    else:
        break
save(student_list)
print('学生信息录入完毕')
```

5. 查看学生信息 search( )

search( )函数实现查找学生数据功能，并支持按照学号或姓名查找学生信息。用户通过输入数字选择按照学号查找还是按照姓名查找。打开存储学生信息的文件，文件名由变量 filename 保存，使用 UTF-8 编码读取文件内容，并将每一行存储到一个列表 ls 中。如果打开文件发生异常，就打印一条错误提示信息。在用户选择按照学号查找时，程序会提示用户输入一个学号，然后使用列表推导式从列表 ls 中筛选出所有学号等于用户输入学号的学生信息，并将它们存储到一个列表 t 中。如果找到了学生信息，则调用函数 formatShow( )显示查找结果；否则，打印一条信息提示没有找到学生信息。如果用户选择按照姓名查找，则实现方式同学号查找。用户选择除了"1"和"2"的其他选项时，即退出循环，结束函数的执行。

```
def search():
    """
    查找学生数据(支持按照学号查找或按照姓名查找)
    :return: 无
```

```
    """
    while True:
        select = input('按学号查找请输入 1,按姓名查找请输入 2,其他退出:')
        try:
            #打开学生成绩文件,将所有数据读取到列表 ls 中
            with open(filename, encoding='utf-8') as file:
                ls = file.readlines()
        except:
            print('发生异常了')
        #按学号查找
        if select == '1':
            id = input('请输入学号:')
            #使用列表推导式查找 id 为输入学号的数据
            t = [d for d in [dict(eval(x)) for x in ls] if d['id'] == id]
            if len(t) > 0:
                formatShow(t)
            else:
                print(f'没找到学号为 {id} 的学生信息')
        #按姓名查找
        elif select == '2':
            name = input('请输入姓名:')
            #使用列表推导式查找 name 为输入姓名的数据
            t = [d for d in [dict(eval(x)) for x in ls] if d['name'] == name]
            if len(t) > 0:
                formatShow(t)
            else:
                print(f'没找到姓名为 {name} 的学生信息')
        else:
            break
```

6. 按照学生学号删除数据 delete( )

delete( ) 函数的主要功能是按照输入的学生学号删除相应的学生信息。代码执行流程如下:进入 while True 循环,在循环中通过 input( ) 函数输入要删除的学生学号,判断输入的学生学号是否为空字符串,如果不为空则继续执行下一步,判断存储学生信息的文件是否存在,如果存在则读取该文件中所有学生信息并将其存储在列表 student_old 中,否则 student_old 列表为空。定义一个标志位 flag,初始值为 False,表示未找到要删除的学生信息,如果 student_old 不为空,则进入下一步;否则输出提示信息“无学生信息”并跳出 while 循环。打开文件,遍历 student_old 列表中的所有数据,将其转换成字典类型,并将其存储到字典 d 中,如果 d 中的学号与输入的学号不相等,则将 d 重新写入文件中;否则将 flag 置为 True,表示找到了要删除的学生信息。判断 flag 的值,如果为 True 则输出删除成功的提示信息,否则输出没有找到要删除的学生信息的提示信息。执行 show( ) 函数,显示学生信息。通过 input( ) 函数输入是否继续删除的操作,如果是,则继续删除,否则跳出 while 循环。

```python
def delete():
    """
    按照学生学号删除数据
    :return: 无
    """
    while True:
        id = input('请输入要删除学生的学号:')
        if id != '':
            #打开学生成绩文件,将所有数据读取到列表 student_old 中
            if os. path. exists(filename):
                with open(filename, 'r', encoding='utf-8') as file:
                    student_old = file. readlines()
            else:
                student_old = []
            flag = False    #标志位,假定 False 代表没有找到要删除的数据
            #如果 student_old 不为空
            if student_old:
                with open(filename, 'w', encoding='utf-8') as file:
                    d = {}
                    for item in student_old:
                        d = dict(eval(item))
                        #将不需要删除的学号重新写到文件中
                        if d['id'] != id:
                            file. write(str(d) + '\n')
                        #说明列表中找到了要删除的数据,将 flag 置为 True
                        else:
                            flag = True
                    if flag:
                        print(f'id 为 {id}的学生信息已被删除')
                    else:
                        print(f'没有找到 id 为 {id}的学生信息')
            else:
                #如果 student_old 为空,说明文件中没有学生成绩数据
                print('无学生信息')
                break
            #显示学生成绩数据
            show()
            answer = input('是否继续删除 y/n\n')
            if answer == 'y' or answer == 'Y':
                continue
            else:
                break
```

7. 修改学生成绩数据 modify( )

首先，通过 show( ) 函数显示所有学生成绩数据。然后，用户输入要修改成绩的学生学号，如果输入的学号不为空，则会打开学生成绩文件并读取其中的数据。在读取的过程中，将每个学生成绩数据转换成字典，并将这些字典保存在一个列表 ls 中。

接下来，通过列表推导式找到要修改的数据，并将其输出到屏幕上。然后，用户可输入新的姓名、English 成绩、Python 成绩和 Java 成绩，并将其保存到对应的列表中。

最后，将修改后的所有数据都写回到学生成绩文件，并提示用户是否继续修改其他学生的数据。

如果用户输入的学号为空，则提示用户"学生学号不能为空"。如果学生成绩文件不存在，则提示无法进行修改操作。如果要修改的学生学号不存在，则输出提示信息并要求用户重新输入要修改的学号。

下面这段代码使用循环语句和条件语句来实现功能，同时也使用了文件读写和字典等数据类型的操作。

```python
def modify():
    """
    修改学生成绩数据
    :return: 无
    """
    while True:
        #显示学生成绩数据
        show()
        id = input('请输入要修改学生的学号:')
        if id != '':
            if os. path. exists(filename):
                ls = []
                #打开学生成绩文件,将所有数据读取到列表 student_old 中
                with open(filename, 'r', encoding='utf-8') as file:
                    student_old = file. readlines()
                    #遍历 student_old,将每条学生成绩数据转换成字典后保存在列表 ls 中
                    for item in student_old:
                        d = dict(eval(item))
                        ls. append(d)
                #使用列表推导式方法查找要修改的数据
                t = [x for x in ls if x['id'] == id]
                if len(t) > 0:
                    print('找到这名学生,可以修改他的信息了')
                    formatShow(t)
                    name = input('请输入姓名:')
                    if not name:
                        break
                    english = input('请输入 English 成绩:')
```

```
                    python = input('请输入 Python 成绩:')
                    java = input('请输入 Java 成绩:')
                    #只修改第一条匹配的数据,第二条以后匹配数据忽略
                    t[0]['name'] = name
                    t[0]['english'] = english
                    t[0]['java'] = java
                    #将修改后的数据和其他数据全部写回到文件中
                    with open(filename, 'w', encoding='utf-8') as file:
                        for stu in ls:
                            file. write(str(stu) + '\n')
                    print('修改完毕')
                    answer = input('是否继续修改 y/n\n')
                    if answer == 'y' or answer == 'Y':
                        continue
                    else:
                        break
                else:
                    print(f'没有 id 为 {id}的学生信息')
            else:
                print('文件不存在,无法进行修改操作')
        else:
            print('学生学号不能为空')
```

8. 对学生成绩进行升序或者降序排列 sort( )

下面这段代码定义了一个名为 sort( )的函数,其主要功能是对学生成绩数据进行排序并将排序结果保存到新文件中。

首先,该函数会检查名为 filename 的文件是否存在,如果文件不存在,则会打印提示信息并返回。如果文件存在,则会创建一个空列表 ls,并使用 with 语句打开文件,读取每行数据,将其转换成字典格式后添加到 ls 列表中。

接下来,该函数调用 show( )函数展示所有学生的成绩信息,并提示用户选择升序或降序以及其他排序规则。根据用户的输入,该函数会使用列表内置排序方法 sort( )对数据进行排序。具体来说,如果用户选择按英语成绩排序,则会以 english 键对应的值为排序关键字进行排序;如果选择按总成绩排序,则会以 3 门课程成绩之和为排序关键字进行排序。

排序完成后,该函数会调用 formatShow( )函数展示排序结果,并调用 writefile( )函数实现将排序结果保存到名为 stuSort. txt 的新文件中。

最后,该函数会询问用户是否继续操作,如果用户选择继续,则会再次进行排序操作,否则函数执行结束。

总的来说,该函数的执行流程为:检查文件是否存在→读取文件中的数据并将其转换为字典格式→展示所有学生的成绩信息→提示用户选择排序方式→对数据进行排序→展示排序结果→保存排序结果到新文件中→询问用户是否继续操作→如果选择继续则重复上述过程,否则函数执行结束。

按总成绩排序的关键语句是：

```
ls. sort(key＝lambda x:(int(x['english'])+int(x['Python'])+int(x['Java'])),reverse＝flag)
```

［］内为成绩的标识，各科分数转换为整数后相加并对其结果进行升序或者降序操作，升序选择"0"，降序选择"1"。

排序后新生成文件 stuSort. txt，统计结果如图 8-2 所示。

学号	姓名	English成绩	Python成绩	Java成绩
120100506008	刘侯强	76	85	69
120100506009	林惠	95	86	74
120100506010	郭箐	95	84	79
120100506003	于莉莉	93	86	79
120100506002	王晶晶	92	91	89
120100506004	白婷婷	95	92	91
120100506007	于颜辉	84	86	92
120100506005	高国庆	93	91	92
120100506006	章浩楠	92	91	93
120100506001	张美丽	88	92	95

图 8-2 将 Java 成绩升序排列后的结果显示

```python
def sort():
    """
    对学生成绩数据进行排序
    :return: 无
    """
    if not os. path. exists(filename):
        print('文件不存在')
        return
    ls = []
    with open(filename, 'r', encoding='utf-8') as file:
        t = file. readlines()
        if not t:
            print('没有数据,无法查询')
            return
        else:
            for item in t:
                ls. append(dict(eval(item)))
    show()
    while True:
        mode = input('请选择(0. 升序,1. 降序)')
        if mode == '0':
```

```
                    flag = False
            elif mode == '1':
                    flag = True
            else:
                    print('输入有误,请重新输入')
                    continue
            sub = input('请选择排序方式(1. 按 English 成绩排序,2. 按 Python 成绩排序,3. 按 Java 成绩
排序,0. 按总成绩排序)')
                    #按照用户输入,使用列表内置排序方法 sort()对数据进行排序
            if sub == '1':
                    ls. sort(key=lambda x: int(x['english']), reverse=flag)
            elif sub == '2':
                    ls. sort(key=lambda x: int(x['Python']), reverse=flag)
            elif sub == '3':
                    ls. sort(key=lambda x: int(x['Java']), reverse=flag)
            elif sub == '0':
                    ls. sort(key=lambda x: (int(x['english']) + int(x['Python']) + int(x['Java'])), reverse=flag)
            else:
                    print('输入有误,请重新输入')
                    continue
            formatShow(ls)
            answer = input('是否继续 y/n \n')
            if answer == 'y'  or answer == 'Y':
                    continue
            else:
                    break
```

9. 展示菜单管理界面 showMenu( )

showMenu( )函数的作用是显示一个学生成绩管理系统的菜单，包括以下功能：

```
1.录入学生信息
2.查找学生信息
3.删除学生信息
4.修改学生信息
5.排序
6.统计学生总人数
7.显示所有学生信息
0.退出
```

函数执行时，会先打印学生成绩管理系统的标题，然后打印出上述菜单选项。该函数没有返回值，直接结束。

```
def showMenu():
    '''
显示学生成绩管理系统菜单
    :return:无
    '''
    print('================学生成绩管理系统=================')
    print('-------------------- 功能菜单--------------------')
    print('1.录入学生信息')
    print('2.查找学生信息')
    print('3.删除学生信息')
    print('4.修改学生信息')
    print('5.排序')
    print('6.统计学生总人数')
    print('7.显示所有学生信息')
    print('0.退出')
    print('------------------------------------------------')
```

10. 主函数构建 main( )

定义一个 main( ) 函数，用于运行整个程序。在 main( ) 函数中，使用一个无限循环 while True，保证程序一直运行，直到用户选择退出系统。

在循环中调用 showMenu( ) 函数，显示菜单选项，让用户选择需要执行的操作。通过 input( ) 函数获取用户输入的选项，并将其转换为整数类型，赋值给 choice 变量。

判断用户输入的选项是否在范围内（0~7），如果不在则提示用户重新输入。如果用户输入的选项为 0，表示用户想要退出系统，此时程序会弹出一个提示框，让用户确认是否真地要退出系统。如果用户输入的选项为 1~7，表示用户选择对应的操作。根据用户输入的选项，调用相应的函数执行对应的操作。如果用户输入的选项不是以上情况，即不是 0~7 的数字，程序会提示用户重新输入，主菜单如图 8-3 所示。

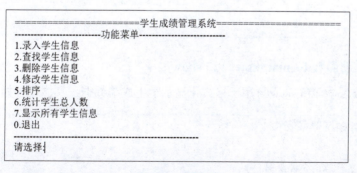

图 8-3 主菜单

其中，不同选项对应的操作如下：

```
def main():
    while True:
        showMenu()
        choice = int(input('请选择:'))
        if choice in range(8):
            if choice == 0:
                answer = input('您确定要退出系统吗？y/n:')
                if len(answer) > 0 and answer in 'Yy':
                    print('谢谢您的使用!')
                    break
            elif choice == 1:
                insert()
            elif choice == 2:
                search()
            elif choice == 3:
                delete()
            elif choice == 4:
                modify()
            elif choice == 5:
                sort()
            elif choice == 6:
                totalNumStu()
            elif choice == 7:
                show()
        else:
            print('请输入 0~7 之间的数字')


if __name__ == '__main__':
    main()
```

11. 其他辅助函数 formatShow( ) 和 show( )

函数 formatShow( ) 和 show( ) 用于格式化显示学生成绩数据，具体代码如下所示。

```
def formatShow(ls):
    """
    格式化显示学生成绩数据
    :param ls: 学生成绩列表
    :return: 无
    """
```

```
        if not ls:
            return

        table = PrettyTable()
        table.field_names = ['学号', '姓名', 'English 成绩', 'Python 成绩', 'Java 成绩']
        for item in ls:
            table.add_row([item.get('id'), item.get('name'), item.get('english'), item.get('Python'), item.get('Java')])
        print(table)


def show():
    """
    显示全部学生成绩数据
    :return: 无
    """
    try:
        ls = []
        # 将学生成绩文件中的数据读取到列表 ls 中
        with open(filename, 'r', encoding='utf- 8') as file:
            for stu in file.readlines():
                ls.append(dict(eval(stu)))
        formatShow(ls)
    except:
        print('产生异常了')
```

8.2 网络爬虫

网络爬虫指的是使用程序将网页内容爬取下来。其中，使用较频繁的网络爬虫库是 requests，其提供了简单易用的、类似于 HTTP 的网络爬虫功能，支持连接池、SSL（安全套接层协议）、Cookies、HTTP 以及 HTTPS 代理等相关功能。即使网络环境复杂，也可以使用 requests 库来爬取特定的页面，它是 Python 主要的页面级网络爬虫功能库。

可以使用 requests. get()，一行代码就能访问某一个链接，获取其中的网页信息，并且可使用 status_code 获得访问网络的状态，以及使用 text 获得其中的文本信息，实现网络爬虫。例如：

```
import requests
r=requests. get('https://www. baidu. com/')
print(r. status_code)
print(r. encoding)
print(r. text)
```

由于篇幅有限，仅截取一部分结果，如图 8-4 所示。

```
200
ISO-8859-1
<!DOCTYPE html>
<!--STATUS OK--><html> <head><meta http-equiv=content-type content=text/html;charset=utf-8><meta http-equiv=X-UA-Compatible
                </script> <a href=//www.baidu.com/more/ name=tj_briicon class=bri style="display: block;">æ ´åΩ ã°§å
```

图 8-4　网页信息获取

爬取某些网页并不能满足功能性需求，这时可以建立一个网络爬虫系统，这就需要使用 Scrapy，其提供构建网络爬虫系统的框架功能，使用者后期再将具体功能性代码补全。Scrapy 框架实现了一些基本功能，用户只需根据需求进行扩展开发或者额外配置，最终就能构建出因人而异的功能性系统。Scrapy 支持批量或者定时的网页爬取，并且提供数据处理的完整流程。Scrapy 包含若干个组件和部分，用户可以通过访问网址"https://scrapy.org"来详细了解组件的使用。

除此之外，也可以使用 pyspider 库，通过它来实现一个完整的网页爬取系统。pyspider 库不仅能够支持网页爬取的基本功能，也能够支持后端加载不同的数据库，如构建消息队列、控制分发优先级以及在不同的计算机上形成分布式架构等一些重要功能。它也是网络爬虫主要的第三方库。pyspider 也是建立和建设专业级 Web 网络爬取系统的重要支撑技术。下面介绍两个网络爬虫的具体应用。

1. Web 信息提取

将页面爬取下来之后，解析其中的 HTML 以及 XML 的内容，这就需要 Web 信息提取第三方库。其中，BeautifulSoup（又名 beautifulsoup4 或 bs4）提供了解析 HTML 和 XML 的 Web 信息等功能。BeautifulSoup 可以加载多种解析引擎，经常与网络爬虫库搭配使用。例如，可以在 Scrapy 或者 requests 中加载 BeautifulSoup 的解析功能，进而形成一个完整的数据爬取与信息提取系统。在 BeautifulSoup 中所有的 HTML 页面以树形结构进行组织，通过下行遍历、上行遍历和平行遍历等一些操作解析其中的所有内容。使用这个库之前，需要先了解 HTML 和 XML 的设计原理。

解析 Web 信息内容无须构建还原 HTML 的设计格式，可以使用正则表达式库 re 来定点地获取 Web 信息。re 全称是 regular expression，它提供了定义和解析正则表达式的一些通用功能。re 库可以用于各种需要正则表达式解析的场景。最重要的场景就是在 Web 信息解析中提取特定的内容，re 是 Python 主要的标准库之一，无须额外安装。

例如，定义一个字符串，r'\d{3}-\d{8}|\d{4}-\d{7}'，它是一种正则表达式格式。re 库提供了 search( )、match( )、findall( )、split( )、finditer( )、sub( ) 等一系列功能函数，使用这些函数来进行信息查找和信息匹配，对于用户去查找文本中信息的特定模式能够起到非常重要的支撑作用。

在 Web 信息提取中，还有一个常用的第三方库 python-goose，它被用于提取文章类型的 Web 页面，其提供了文章信息以及视频等元数据的提取功能。这个库只针对特定类型的 Web 页面，但是由于文章类型的 Web 页面在互联网上极其常见，所以它的应用十分广泛。它也是 Python 中重要的 Web 信息提取第三方库。相关代码例如：

```
from goose import Goose
g=Goose()
url="https://www. jianshu. com/p/205914510220"
article=g. extract(url=url)
title=article. title                           #获取网页的标题
description=article. meta_description           #网页的描述信息
keywords=article. meta_keywords                 #网页的关键字
print("标题:",title)
print("描述:",description)
print("关键字:",keywords)
```

2. BeautifulSoup 库的使用

（1）<p>…</p>：标签。

```
#p 是名称，class 是属性。
<p class="appintro-title">豆瓣</p>
```

（2）引用 BeautifulSoup。

```
from bs4 import BeautifulSoup
```

上述代码从 bs4 库中引入了一个类型，这个类型叫 BeautifulSoup。通常认为 HTML 文档和 BeautifulSoup 类是等价的，可以通过 BeautifulSoup 类初始化操作，将 HTML 标签作为初始化参数，创建对象并赋给一个变量，对变量的处理就是对标签树的相关处理。例如：

```
from bs4 import BeautifulSoup
soup=BeautifulSoup("<html>data</html>","html. parser")#指定解析器是 HTML 格式的 parser
soup2=BeautifulSoup(open("D://豆瓣电影排行榜 . html"), "html. parser")
                    #通过打开文件的方式,来为 BeautifulSoup 类提供 XML 或 HTML 文档内容
```

示例：爬取电影网站以获得热度排名前 10 的电影，内容记录到 . txt 文本文件中。
（1）首先定义一个函数 request_web(url，ua)。
以下代码定义了一个名为 request_web 的函数，它接收两个参数：url 和 ua，分别表示网页地址和请求头。

```
import requests
from bs4 import BeautifulSoup
def request_web(url,ua):
    '''
    请求网页
    :param url:网页地址
    :param ua:请求头
    :return:网页 html
    '''
```

```
        res＝requests. get(url,headers＝ua)
        html＝res. content. decode('utf-8')
        return html
```

该函数使用 Python 的 requests 库发送一个 GET 请求到指定的 url，并传递请求头 ua。requests 库是一个常用的 HTTP 库，可以方便地发送 HTTP 请求和处理响应。

该函数返回一个字符串变量 html，表示获取到的网页的 HTML 内容。通过 requests 库的get（）方法获取的响应对象 res，使用 content 属性获取响应内容的字节流，再使用 decode（'utf-8'）方法将其解码为字符串格式，即可得到网页的 HTML 内容。

总之，这段代码的作用是根据给定的网页地址和请求头，获取网页的 HTML 内容。

（2）解析网页并将解析之后的数据保存在文本文件中。

下面这段代码的作用是解析豆瓣电影排行榜页面的 HTML 内容，并将解析结果写入一个名为 topmovie. txt 的文件中。该函数的参数是 HTML 内容，函数使用 lxml HTML 解析器创建一个 BeautifulSoup 对象，查找 HTML 中包含 table 标签的内容，然后将解析结果存储到文件 topmovie. txt 中。

该函数使用 with open 语句打开文件，并以写入模式将内容写入文件。首先，将 HTML 页面的标题写入文件中。然后，使用一个计数器变量逐一遍历 table 标签中的内容。对于每个 table 标签，将其文本内容按照回车换行进行切分，得到一个字符串列表。根据列表中第 4 个元素是否包含"可播放"关键字，分别对列表进行处理。如果包含"可播放"，则写入电影名称、简述和豆瓣评分；否则，只写入电影名称和豆瓣评分。最后，将计数器加 1，以便在下一个 table 标签中继续计数。

```
    def parse_html(html):
        """
        解析 html,将解析结果写入文件 topmovie. txt 中
        :param html:豆瓣电影排行榜 html 内容
        :return: 无
        """
        #创建 BeautifulSoup 对象,使用 lxml HTML 解析器
        soup = BeautifulSoup(html, 'lxml')
        #查找 html 中包含 table 标签的内容,"豆瓣电影排行榜 . html"中第 244 行至 673 行内容
        s = soup. select('table')
        #将爬取下来的结果解析后存储到文件 topmovie. txt 中
        with open("topmovie. txt", 'w', encoding='utf-8') as file:
            #将 title 内容写到文件中,参考"豆瓣电影排行榜 . html"中第 9 行文字
            file. write('['+ soup. title. string. strip() + ']\n')
            #计数
            index = 1
            #逐一遍历 table 标签内容
            for item in s:
                #去除内容中以及前后多余空格
                temp = str(item. text. strip(). replace(' ', ''))
```

```
        #按照回车换行对内容进行切分,切分后是列表
        ls = temp. split('\n')
        #将计数值写到文件
        file. write(str(index) + ':')
        #内容分成两种,一种是包含"可播放",另一种是不包含,内容解析稍有不同,分别处理
        #解析后的 ls 可能内容如下:['抬头见喜', '/LookUpandSeeJoy', '', '[可播放]', '2023-01-22
        (中国大陆网络)/王鹤棣/潘斌龙/龚蓓苾/黄小蕾/王迅/蒋易/罗京民/李胤维/张雅钦/庄则
        熙/姜宏波/傅迦/韩彦博/罗辑/魏翔/刘亚津/蒋诗萌/陈哈琳/王戈/小爱/吴小涵/尧洋/王勉/
        于山川/谢亚梅...', '', '', '6. 4', '(11443 人评价)']
        #解析后的 ls 也可能内容如下:['伊尼舍林的报丧女妖', '/伊尼舍林的女妖(台)/伊尼希尔
        的女妖', '', '2022-09-05(威尼斯电影节)/2022-10-21(美国)/科林·法瑞尔/布莱丹·格
        里森/凯瑞·康顿/巴里·基奥恩/盖瑞·莱登/帕特·绍特/希拉·弗里顿/布里·尼·内
        奇廷/乔·肯尼/艾伦·莫纳汉/大卫·皮尔斯/爱尔兰/英国/美国/马丁·麦克唐纳...', '
        ', '', '7. 9', '(49299 人评价)']
        if '可播放'in ls[3]:
            file. write('电影名:'+ ls[0] + ls[1] + ls[3] + '\n')
            file. write('简述:'+ ls[4] + '\n')
            file. write('豆瓣评分:'+ ls[7] + ls[8] + '\n')
        else:
            file. write('电影名:'+ ls[0] + ls[1] + '\n')
            file. write('简述:'+ ls[3] + '\n')
            file. write('豆瓣评分:'+ ls[6] + ls[7] + '\n')
        index += 1


if __name__ == '__main__':
    print('开始爬取...')
    url = 'https://movie. douban. com/chart'
    ua = {
        #设置用户代理,伪装请求头,避免被服务器识别为爬虫程序
        'User-Agent': 'Mozilla/5. 0 (Windows NT 10. 0; Win64; x64) AppleWebKit/537. 36 (KHTML, like
Gecko) Chrome/108. 0. 0. 0 Safari/537. 36'}
    try:
        html = request_web(url, ua)
        parse_html(html)
    except:
        print('发生异常啦')
    print('爬取完成')
    #避免程序运行后直接退出,等待用户输入
    input()
```

爬取结果如图 8-5 所示。

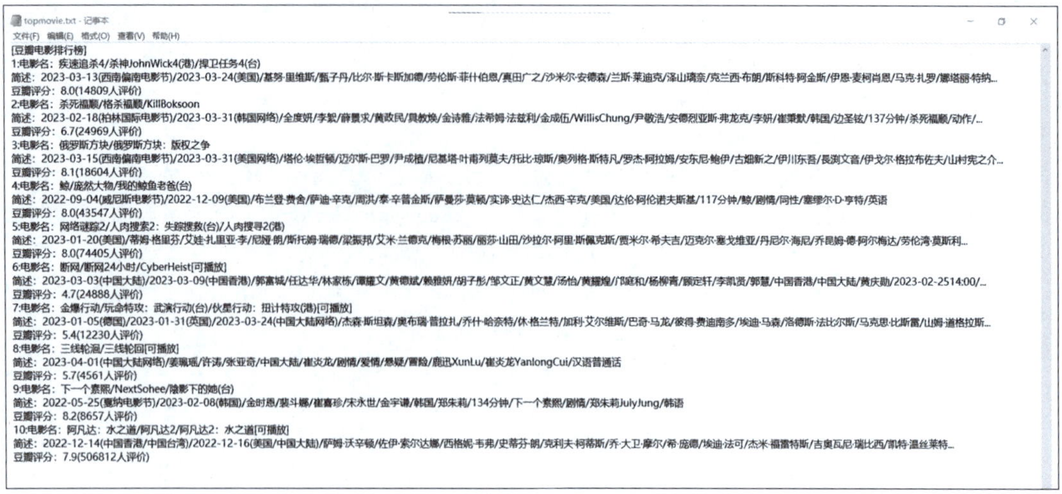

topmovie.txt - 记事本
文件(F) 编辑(E) 格式(O) 查看(V) 帮助(H)
[豆瓣电影排行榜]
1:电影名：疾速追杀4/杀神JohnWick4(港)/捍卫任务4(台)
简述：2023-03-13(西南偏南电影节)/2023-03-24(美国)/基努·里维斯/甄子丹/比尔·斯卡斯加德/劳伦斯·菲什伯恩/真田广之/沙米尔·安德森/兰斯·莱迪克/泽山璃奈/克兰西·布朗/斯科特·阿金斯/伊恩·麦柯肖恩/马克·扎罗/娜塔丽·特纳...
豆瓣评分：8.0(14809人评价)
2:电影名：杀死福顺/格杀福顺/KillBoksoon
简述：2023-02-18(柏林国际电影节)/2023-03-31(韩国网络)/全度妍/李絮/薛景求/黄政民/具教焕/金诗雅/法希姆·法兹利/金成伍/WillisChung/尹敬浩/安德烈亚斯·弗龙克/李妍/崔秉默/韩国/边圣铉/137分钟/杀死福顺/动作/...
豆瓣评分：6.7(24969人评价)
3:电影名：俄罗斯方块/俄罗斯方块：版权之争
简述：2023-03-15(西南偏南电影节)/2023-03-31(美国网络)/塔伦·埃哲顿/迈尔斯·巴罗/尹成植/尼基塔·叶甫列莫夫/托比·琼斯/奥列格·斯特凡/罗杰·阿拉姆/安东尼·鲍伊/古畑新之/伊川东吾/長渕文音/伊戈尔·格拉布佐夫/山村宪之介...
豆瓣评分：8.1(18604人评价)
4:电影名：鲸/庞然大物/我的鲸鱼老爸(台)
简述：2022-09-04(威尼斯电影节)/2022-12-09(美国)/布兰登·费舍/萨迪·辛克/周洪/泰·辛普金斯/萨曼莎·莫顿/实诗·史达仁/杰西·辛克/美国/达伦·阿伦诺夫斯基/117分钟/鲸/剧情/同性/塞缪尔·D·亨特/英语
豆瓣评分：8.0(43547人评价)
5:电影名：网络谜踪2/人肉搜索2：失踪搜救(台)/人肉搜寻2(港)
简述：2023-01-20(美国)/蒂姆·格里芬/艾娃·扎里亚·李/尼娅·朗/斯托姆·瑞德/梁振邦/艾米·兰德克/梅根·苏丽/丽莎·山田/沙拉尔·阿里·斯佩克斯/贾米尔·希夫吉/迈克尔·塞戈维亚/丹尼尔·海尼/乔昆姆·德·阿尔梅达/劳伦湾·莫斯利...
豆瓣评分：8.0(74405人评价)
6:电影名：断网/断网24小时/CyberHeist[可播放]
简述：2023-03-03(中国大陆)/2023-03-09(中国香港)/郭富城/任达华/林家栋/谭耀文/黄德斌/赖雅妍/胡子彤/邹文正/黄文慧/汤怡/黄耀煌/邝庭和/杨柳青/顾定轩/李凯贤/郭慧/中国香港/中国大陆/黄庆勋/2023-02-2514:00/...
豆瓣评分：4.7(24888人评价)
7:电影名：金爆行动/玩命特攻：武演行动(台)/伙星行动：扭计特攻(港)[可播放]
简述：2023-01-05(德国)/2023-01-31(英国)/2023-03-24(中国大陆网络)/杰森·斯坦森/奥布瑞·普拉扎/乔什·哈奈特/休·格兰特/加利·艾尔维斯/巴奇·马龙/彼得·费迪南多/埃迪·马森/洛德斯·法比尔斯/马克思·比斯雷/山姆·道格拉斯...
豆瓣评分：5.4(12230人评价)
8:电影名：三线轮洄/三线轮回[可播放]
简述：2023-04-01(中国大陆网络)/姜珮瑶/许涛/张亚奇/中国大陆/崔炎龙/剧情/爱情/悬疑/冒险/鹿迅XunLu/崔炎龙YanlongCui/汉语普通话
豆瓣评分：5.7(4561人评价)
9:电影名：下一个素熙/NextSohee/险影下的她(台)
简述：2022-05-25(戛纳电影节)/2023-02-08(韩国)/金时恩/裴斗娜/崔喜珍/宋永世/金宇谦/韩国/郑朱莉/134分钟/下一个素熙/剧情/郑朱莉JulyJung/韩语
豆瓣评分：8.2(8657人评价)
10:电影名：阿凡达：水之道/阿凡达2/阿凡达2：水之道[可播放]
简述：2022-12-14(中国香港/中国台湾)/2022-12-16(美国/中国大陆)/萨姆·沃辛顿/佐伊·索尔达娜/西格妮·韦弗/史蒂芬·朗/克利夫·柯蒂斯/乔·大卫·摩尔/希·庞德/埃迪·法可/杰米·福雷特斯/吉奥瓦尼·瑞比西/凯特·温丝莱特...
豆瓣评分：7.9(506812人评价)

图 8-5　爬取结果

8.3　Web 应用框架 Flask

Flask 是一个使用 Python 编写的轻量级 Web 应用框架。其 WSGI 工具箱采用 Werkzeug 模板，引擎则使用 Jinja2。Flask 使用 BSD 授权，使用起来简单，容易扩展增加其他功能。Flask 是第三方模块，需要先安装才能使用。本章程序使用 Flask 2.2.2 版本。

1. URL（统一资源定位符）分析和对应的处理函数

（1）运行 Python 服务程序。

（2）用户在浏览器输入 URL 访问某个资源地址，按〈Enter〉键。

（3）Flask 接收用户请求并解析 URL。

（4）为这个 URL 找到对应的处理函数。

（5）执行处理函数并生成响应，返回给浏览器。

（6）浏览器接收并解析响应，将信息显示在页面中。

用 Flask 编写服务器程序：

```
from flask import Flask                #导入 flask 模块
app=Flask(__name__)                    #创建一个 flask 对象 app
@app.route('/')                        #装饰器，定义目录"/"的操作
def hello():                       #定义函数，遇到网址目录为"/"执行功能
    return "Hello World!"          #返回字符串"Hello World!"
if __name__=='__main__':
app.run()                          #运行程序
```

运行结果如图 8-6 所示。

本章以一个学生成绩查询系统为例进行讲解，项目开发采用 PyCharm 集成开发工具，项目结构如图 8-7 所示。jquery-3.6.3.min.js 是一个 JavaScript 库，包含对 HTML 元素选取

图 8-6 利用 Flask 编写服务器程序

和操作、CSS 操作等功能，index. html 是成绩查询结果页，login. html 是登录页，tip. html 是错误提示页，app. py 是基于 Flask 框架，使用 Python 实现的轻量级服务端程序代码文件，用于响应用户的操作请求，login. txt 保存学生学号和密码数据，score. txt 保存学生学号、姓名和期末考试各科成绩数据。

图 8-7 项目结构

2. HTTP 两个常用请求

HTTP 包括以下两个常用请求。

（1）GET：从服务器程序获取信息。

（2）POST：向服务器程序发送数据，一般用表单实现。POST 请求可能会导致新资源的建立或已有资源的修改。

浏览器和服务器程序交互可以通过 get 和 post 方法实现。

在装饰器上可以加上 HTTP 方法，常用的是 GET 和 POST 方法，默认是 GET 方法。

@ app. route('/') 就等同于 @ app. route('/', methods = ['GET'])。如果需要用两个方法，则可写成：@ app. route('/', methods = ['GET', 'POST'])。

get 和 post 是站在浏览器的角度看的，例如：

```
@app. route('/login/<id>/<pwd>', methods = ['GET', 'POST'])
```

浏览器和服务器交互程序：在浏览器中输入学生学号和密码，传到服务器程序，服务器程序进行查询，将这位学生的成绩数据传回浏览器。

服务器 HTML 页面代码主要如下：

```
<p>
<label>学号:</label>
<input type="text" id="id"/>
</p>
<p><label>密码:</label>
<input type="password" id="pwd"/>
</p>
<button type="button" onclick="queryFun()">登录</button>
```

服务器程序在<input type="text" id="id"/>中获取输入的学号，如输入的学号为"1001"，在<input type="password" id="pwd"/>中获取输入的密码，如输入的密码为"123456"，当单击"登录"按钮后，结果会返回到"http://127.0.0.1:5000/login/1001/123456"这个 URL 中，登录页面如图 8-8 所示，成绩查询结果如图 8-9 所示。

图 8-8　登录页面

图 8-9　成绩查询结果

当输入的用户名和密码不匹配时，显示如图 8-10 所示的错误提示页，后台处理逻辑在 login( )函数中完成。

图 8-10　错误提示页

执行查询成绩程序的关键语句是：

```
def queryScore(condition):
```

参考代码如下：

```
from flask import Flask, render_template

app = Flask(__name__)

dicLs = []              #成绩数据
dicPwd = []             #用户名密码数据


def readScores():
    """
    读取成绩文件,将成绩数据读取到列表中
    :return: 以列表形式返回,每条数据类型为字典
    """
    with open('score. txt', 'r', encoding='utf-8') as file:
        ls = file. readlines()
    #列表推导式,dict(eval(x))将每条数据转换为字典
    dicLs = [dict(eval(x)) for x in ls]
    return dicLs


def readUserData():
    """
    读取用户名,密码数据
    :return: 以列表形式返回,每条数据类型为字典
    """
    ls = []
    with open('login. txt', 'r', encoding='utf-8') as file:
        for line in file:
                ls. append(dict(eval(line)))
    return ls

def queryScore(id):
    """
    根据学号检索数据
    :param id: 查询条件,学号
    :return: 结果页或提示页
    """
    #异常处理机制
    try:
        #列表推导式,从 dicLs 中检索符合条件的数据
        result = [x for x in dicLs if x. get('id') == id]
```

```
            #没有检索到数据
            if len(result) == 0:
                s: str = '没有查询到数据,请稍后再试'
            else:
                #将检索后的结果 result 传递给前端 index. html 中显示
                return render_template("index. html", result=result)
        except:
            s = '发生异常啦,请稍后再试'
        return render_template("tip. html", result=s)


@app. route('/')
def index():
    """
    首页显示 index. html 内容
    :return: 无
    """
    return render_template("login. html")


@app. route('/login/<id>/<pwd>', methods=['GET', 'POST'])
def login(id, pwd):
    """
    登录校验
    :param id: 用户名
    :param pwd: 密码
    :return: 用户名密码匹配返回查询结果页,否则返回错误提示页
    """
    #列表推导式,从 dicPwd 数据中查找匹配用户输入的用户名和密码
    t = [x for x in dicPwd if x. get('id') == id and x. get('pwd') == pwd]
    if not t:
        return render_template("tip. html", result='用户名或密码错误')
    else:
        return queryScore(id)


if __name__ == '__main__':
    #将所有学生成绩数据读到列表 dicLs 中
    dicLs = readScores()
    #将所有用户名,密码数据读到列表 dicPwd 中
    dicPwd = readUserData()
    #成功运行程序后,在浏览器地址栏输入 http://127. 0. 0. 1:5000/
    #即可访问该系统
    app. run(debug=True, host='127. 0. 0. 1', port=5000)
```

8.4 本章小结

本章通过 3 个具体示例来介绍 Python 基础知识的综合应用以及第三方库的使用，主要包括以下几个重点。

（1）Python 对文件的读写操作。

（2）内置模块 os 库的使用，使用该模块 exists( )方法判断文件是否存在。

（3）列表和列表推导式的使用。

（4）内置模块 requests 库和第三方库 bs4 的使用。

（5）Flask 框架的使用。

8.5 练习题

1. 表 8-2 为 2024 年 6 月 TIOBE 网站统计的程序设计语言排行情况（截取排名前 10 的数据），请根据该表数据，绘制饼状图，展示每种程序设计语言流行情况。

表 8-2 TIOBE 程序设计语言排行情况

2024 年 6 月排行	程序设计语言	占有率/%
1	Python	15.39
2	C++	10.03
3	C	9.23
4	Java	8.40
5	C#	6.65
6	JavaScript	3.32
7	Go	1.93
8	SQL	1.75
9	Visual Basic	1.66
10	Fortran	1.53

2. 使用中文分词库 jieba 对《西游记》进行分析，统计其中出现频率较高的前 50 个词汇，并使用 wordcloud 库绘制词云。

3. 假设成绩数据如表 8-1 所示，存储在 Excel 文件中，文件名为 score.xlsx，使用 pandas 库读取该 Excel 文件数据，文件第一行是表头。对读取出的数据进行统计，统计出每门课程的最高分、最低分和平均分。

4. 使用 turtle 库绘制如图 8-11 所示的五角星。

图 8-11　五角星

参 考 文 献

赵广辉，李屾，秦珀石，等. Python 程序设计基础实践教程［M］. 北京：高等教育出版社，2021.